현장에서 필요한

화학 분석의 기본 기술과 안전

히라이 쇼지 감수 / 사단법인 일본분석화학회 편저 / 박성복 감역 / 오승호 옮김

BM (주)도서출판 성안당
日本 옴사 · 성안당 공동 출간

현장에서 필요한

화학 분석의 기본 기술과 안전

Original Japanese edition
Genba de Yakudatsu Kagaku Bunseki no Kihon Gijutsu to Anzen
Supervised by Shoji Hirai
Edited by The Japan Society for Analytical Chemistry

Published by Ohmsha, Ltd.

This Korean Language edition co-published by Ohmsha, Ltd. and Sung An Dang, Inc.

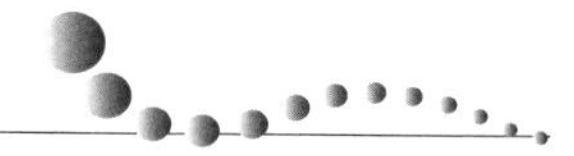

머리말

분석화학은 우리 생활의 기반을 지지하는 다양한 분야의 필요 불가결한 학문·기술인 동시에, 분석값에는 높은 신뢰성이 요구되고 있다. 최근 많은 분야에서 사용되는 분석기기·장치는 컴퓨터의 발달로 기능이 고도화됨에 따라 기기분석이 주류가 되고 있다. 시료의 샘플링부터 시작하여 분석기기·장치 측정하기까지 화학분석에서는 전처리과정이 반드시 포함되어 화학적 지식과 기술이 상당부분 요구된다.

또, 분석·측정단계에서의 분석기기나 측정장치의 조작은 간편해졌지만, 측정·데이터 수집·데이터 해석에 관한 화학적 지식이나 기술도 중요한 역할을 담당하고 있다. 그러므로 신뢰성이 높은 분석을 실시하려면 화학분석을 실시하는 기술자의 지식과 기술이 불가피하다. 최근에는 기술자의 안전·안심과 지속적인 높은 신뢰성의 유지를 꾀하기 위해서 안전한 작업환경과 안전한 조작관리의 확보가 중요하게 되었다.

본서는 신뢰성 높은 분석을 행하기 위해 화학분석을 취급하는 기술자가 습득해야 할 기초적인 지식과 기술 및 안전한 작업환경과 조작관리에 대해 쉽게 설명하고자 한다. 또한 대학·대학원에서 화학분석을 배우는 학생과 사회 현장에서 새롭게 화학분석에 종사하는 분, 다시 공부하거나 연수받는 분을 위해서 집필되었다. 부디 이 책이 여러분에게 소중하게 활용되기를 바란다.

덧붙여, 본서에 사용되고 있는 용어는 가능한 한 통일하여 표현하고자 했으나, 같은 용어라도 사용하는 분야 혹은 사용하는 규격에 따라 표현방법에 차이가 있음을 밝혀 둔다. 예를 들어, 원소기호를 일본어로 표시하는 경우, 일본화학회에서는 가타가나로 표기했지만 JIS에서는 히라가나로 표기하였다.

본서에서는 가능한 한 가타가나로 표시했지만 일부 JIS 규격 문서에서는 히라가나로 표시하고 있을 수도 있다. 또, 단위의 표시로 ppb나 ppm의 표시가 ISO 및 JIS 등에서는 부적절하다고 여기지만, 일본의 계량법에서는 인정되고 있는 등 불일치한 내용도

있다. 이것에 대해서도 가능한 한 사용하지 않았으나, 참고문헌 등에 기록하였으니 참고하기 바란다.

마지막으로 본서를 발행하는 데 애써 주신 옴사 출판국 여러분들에게 깊은 감사의 말씀을 전한다.

히라이 쇼지

차례

제 1 장

용액의 기초

1-1 처음에

화학분석은 물질 중에 포함된 성분의 종류와 조성(組成)을 구하기 위하여 실시하는 화학적 조작이다. 화학분석은 화학적 방법과 물리적 방법으로 크게 나눌 수 있다.

화학적 방법에서는 목적하는 화학물질에 선택적인 화학반응을 이용해 침전 적정, 산화 환원 적정, 킬레이트 적정 등의 용량분석, 중량분석, 액-액 추출 등을 실시한다. 이러한 화학적 방법은 고전적 방법으로 볼 수 있지만, 화학양론에 근거해 정량적으로 진행되는 화학반응에 근거하는 것이고, 조작의 간편함, 분석값의 정확도, 재현성이 좋은 점에서 현재에도 중요한 분석법으로 평가받고 있다.

물리적 방법은 물질의 광학적 특성이나 전기적 특성 등을 이용하는 기기를 사용하고 최근에는 기기의 발전에 의해 다원소 동시분석이나 고감도 분석이 가능하게 되었다. 그러나, 분석기기가 아무리 발전하더라도 목적원소를 공존원소의 방해 없이 측정할 수는 없는데다 검출 가능한 농도에도 한계가 있다. 그 때문에 물리적 방법에 대해서도 화학적 방법과 마찬가지로 화학반응을 이용한 분리나 농축 등의 시료 전처리가 자주 행해진다.

화학반응은 일반적으로 용액을 이용한다. 여기서는 용액을 취급할 때에 기본이 되는 농도, pH 및 완충액에 대해 설명한다.

1-2 용액과 그 농도

용액(solution)은 용매(solvent)와 용질(solute)로 구성된다. 설탕물을 예를 들면, 물이라고 하는 용매에 설탕(자당)이라고 하는 용질을 녹인 용액이다.

보통 술은 물이 용매, 에탄올을 주요 용질이라고 볼 수가 있지만, 증류해 얻을 수 있는 브랜디나 소주는 에탄올의 비율이 높고, 보드카 중에는 에탄올이 물보다 많은 것이 있다. 이러한 경우 어느 쪽을 용매로 간주하는가는 선택의 자유다. 용액 중 각 성분의 비율을 농도라고 한다.

 1.2.1 용액의 농도

화학분야에서는 용액 중 용질의 농도를 몇 가지 양식으로 나타낸다. 그들 중에서 주요한 것을 살펴본다.

[1] 물질량 농도

1L의 용액(1L의 용매는 아니다)에 포함되는 용질의 물질량(amount of substance) [mol]을 물질량 농도(amount of substance concentration), 생략해서 물질 농도(substance concentration) 혹은 양 농도(amount concentration)라고 부르는데, 단위는 mol/L이다. 용질 A의 물질량 농도를 c_A라고 표기하면 c_A는 식 (1.1)로 주어진다. 이 양은 종래 문헌에서는 몰 농도(molal concentration;molarity)라고 불리었는데, 질량 몰 농도(molality)라고 하는 양과 혼동할 우려가 있으므로 사용하지 않도록 국제순수·응용화학연합(International Union of Pure and Applied Chemistry, IUPAC)은 권고하고 있다(참고문헌 1의 p.59를 참조).

$$c_A = \frac{\text{용질(A)의 물질량[mol]}}{\text{용액의 체적[L]}} = \frac{\text{용질(A)의 물질량[mmol]}}{\text{용액의 체적[mL]}} \tag{1.1}$$

물질량 농도에서 일반적으로 이용하고 있는 단위는 mol/L(또는 mol/dm^3), mmol/L, μmol/L 등이고, 때로는 M, mM, μM 등으로 표기된다(각각 몰랄(molar), 밀리몰랄(milimolar), 마이크로몰랄(micromolar)라고 읽는다). 이와 같이 M은 mol/L를 나타내는 기호로서 편의적으로 사용된다. 또, mM의 m 및 μM의 μ는 각각 10^{-3} 및 10^{-6}을 나타내는 국제단위계(International System of Units, SI)에서 규정된 접두어이다. SI의 상세한 설명에 대하여는 7장을 참조하기 바란다.

용액의 체적은 온도에 따라 바뀌므로 물질량 농도는 온도의 영향을 받는 것에 주의할 필요가 있다. 그러나, 용액에 근거하는 정량분석에서는 물질량 농도가 주로 이용된다. 그 이유는 용액의 조제가 간단하고 여러 가지 화학반응에서 물질량의 밸런스 조건을 판단하는 데 편리하기 때문이다.

정밀실험에서는 온도 변화에 따르는 용액과 유리용기의 온도 팽창을 설명하는 것이 필요하다. 이 때문에 용액을 조제했을 때와 그 용액을 사용할 때의 실험실 온도를 알아두면 좋다. 〈표 1.1〉에 의하면 물은 20℃ 부근에서 1℃ 상승하면 0.02% 팽창하는 것을

〈표 1.1〉 물의 밀도

온도 [℃]	밀도 [g/mL]	1g의 물의 체적 [mL]
10	0.999 702 6	1.001 4
11	0.999 608 4	1.001 5
12	0.999 500 4	1.001 6
13	0.999 380 1	1.001 7
14	0.999 247 4	1.001 8
15	0.999 102 6	1.002 0
16	0.998 946 0	1.002 1
17	0.998 777 9	1.002 3
18	0.998 598 6	1.002 5
19	0.998 408 2	1.002 7
20	0.998 207 1	1.002 9
21	0.997 955 5	1.003 1
22	0.997 773 5	1.003 3
23	0.997 541 5	1.003 5
24	0.997 299 5	1.003 8
25	0.997 047 9	1.004 0
26	0.996 786 7	1.004 3
27	0.996 516 2	1.004 6
28	0.996 236 5	1.004 8
29	0.995 947 8	1.005 1
30	0.995 650 2	1.005 4

D. C. Harris : "Quantitative Chemical Analysis", 8th ed., W. H. Freeman and Company, New York (2010), p.42, Table 2-7을 일부 고쳐서 인용.

알 수 있다. 용액의 물질량 농도는 밀도에 비례하므로 다음 식이 얻어진다.

$$\frac{c}{d} = \frac{c'}{d'} \tag{1.2}$$

여기서 c 및 d는 온도 T에서의 용액의 물질량 농도 및 밀도, c' 및 d'는 온도 T'에서의 같은 용액의 물질량 농도 및 밀도이다.

Pyrex(파이렉스) 및 붕규산 유리는 실온 부근에서 1℃ 상승하면 0.0010% 팽창한다. 만약, 온도가 10℃ 상승했다면 유리용기의 체적은(0.0010%/℃)×(10℃)=0.010% 증가한다. 이 정도의 팽창은 무시할 수 있는 경우가 많다

예제 1.1

3.50L의 용액 중에 2.30g의 에탄올(46.07g/mol)을 포함한 수용액은 에탄올에 대해 몇 mol/L인가?

[해답] 2.30g의 에탄올을 물질량(단위 : mol)으로 나타내면

$$2.30\text{g } C_2H_5OH \times \frac{1\text{mol } C_2H_5OH}{46.07\text{g } C_2H_5OH} = 0.04992\text{mol } C_2H_5OH$$

물질량 농도 $C_{C_2H_5OH}$를 구하려면 에탄올의 물질량을 용액의 체적으로 나누면 된다. 그러므로

$$C_{C_2H_5OH} = \frac{0.04992\text{mol } C_2H_5OH}{3.50\text{L}} = 0.0143(\text{mol } C_2H_5OH)/\text{L}$$

예제 1.2

$BaCl_2 \cdot 2H_2O$(244.3g/mol)를 이용해 2.00L의 0.108mol/L $BaCl_2$ 수용액을 조제하는 방법을 기술하세요.

[해답] 물에 용해하고, 그 용액의 체적을 2.00L로 해 0.108mol/L $BaCl_2$ 수용액으로 하는 데 필요한 $BaCl_2 \cdot 2H_2O$의 질량을 구하려면 1mol의 $BaCl_2 \cdot 2H_2O$가 1mol의 $BaCl_2$를 만드는 것에 주목한다. 따라서 목적의 용액을 조제하는 데 필요한 $BaCl_2 \cdot 2H_2O$의 물질량은

$$\frac{0.108\text{mol } BaCl_2O \cdot 2H_2O}{1\text{L}} \times 2.00\text{L} = 0.216\text{mol } BaCl_2 \cdot 2H_2O$$

따라서, $BaCl_2 \cdot 2H_2O$의 몰 질량은 244.3g/mol이므로 필요한 $BaCl_2 \cdot 2H_2O$의 질량은

$$0.216\text{mol } BaCl_2 \cdot 2H_2O \times 244.3\text{g/mol} = 52.8\text{g } BaCl_2 \cdot 2H_2O$$

이상과 같이 52.8g의 $BaCl_2 \cdot 2H_2O$를 물에 용해해 2.00L로 희석하면 된다.

예제 1.3

실험실의 실온이 17℃인 겨울의 어느 날, 농도가 0.03146mol/L의 KCl 수용액을 조제했다. 실온이 25℃인 따뜻한 날에는 이 용액의 농도[mol/L]는 얼마가 될까?

[해답] 희박한 용액의 온도 팽창은 순수의 온도 팽창과 동일하다고 간주할 수가 있다. 식(1.2)와 〈표 1.1〉의 밀도로부터 다음 식을 쓸 수 있다.

$$\frac{25℃\text{에서의 농도 } c}{0.99705\text{g/mL}} = \frac{0.03146\text{mol/L}}{0.99878\text{g/mL}}$$

이것을 풀면 c=0.03141mol/L. 따라서, 25℃인 날에는 농도가 0.16% 감소한 것이 된다.

[2] 질량 몰 농도

식(1.3)에 나타내듯이 용매 1kg에 포함되는 용질의 물질량[mol]으로 정의되는 농도를 질량 몰 농도(molal concentration, molality)라고 하고, mol/kg으로 나타낸다. 1mol/kg의 몰 농도의 용액은 1몰랄과 용액(molal solution, 기호 1m 용액)이라고 부르기도 한다(참고문헌 1의 p.58을 참조). 질량 몰 농도는 온도에 의해 영향을 받지 않는 것이 특징이며 용액의 물리화학 데이터에서는 이 농도가 자주 이용된다.

$$\text{질량 몰 농도(mol/kg)} = \frac{\text{용질의 물질량[mol]}}{\text{용매의 질량[kg]}} \tag{1.3}$$

예제 1.4

0.0500mol/kg의 붕산 $B(OH)_3$ 용액을 조제하려면 2kg의 물에 몇 g의 붕산을 용해하는 것이 필요한가?

[해답] 붕산의 몰 질량은 61.83g/mol이다. 따라서 필요한 붕산의 질량은

$$61.83[\text{g/mol}] \times 0.0500[\text{mol/kg}] \times 2[\text{kg}] = 6.18[\text{g}]$$

[3] 질량 농도

질량 농도 ρ는 아래와 같이 정의된다.

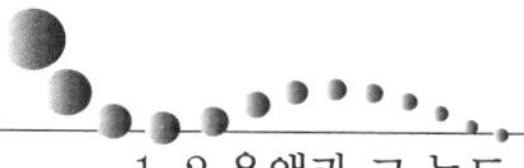

성분 B의 질량 농도 $\rho_B = m_B/V$

여기서 m은 질량, V는 혼합물의 체적을 각각 나타낸다.

예를 들면, 1L의 해수 중에 마그네슘이 1.33mg 포함되어 있다고 하면 해수 중 마그네슘의 질량 농도는 1.33mg/L이다

[4] 분율

물질량 분율 x, 질량 분율 w, 체적 분율 ϕ 등은 아래와 같이 정의되고 있다

성분 B의 물질량 분율 $x_B = n_B / \sum_i n_i$

여기서 n은 물질량을 나타내고, $\sum_i n_i$은 혼합물에 함유된 각 성분의 질량의 합이다.

성분 B의 질량 분율 $w_B = m_B / \sum_i m_i$

여기서 m은 질량을 나타내고, $\sum_i m_i$는 혼합물에 함유된 각 성분의 질량의 합이다.

성분 B의 체적 분율 $\phi_B = V_B / \sum_i V_i$

여기서 V는 체적을 나타내고, $\sum_i V_i$는 혼합물에 함유된 각 성분의 체적의 합이다.

〈표 1.2〉 분율의 예

명칭	기호	값	예
백분율 percent	%	10^{-2}	탄소 13의 동위체 존재비는 물질량 분율(비율)로 $x=1.1\%$이다.
천분율 permille	‰	10^{-3}	시료 중 물의 질량 분율은 $w=2.3$ ‰이다.

이러한 분율은 〈표 1.2〉의 기호로 나타내는 일이 있다. 이러한 단위 1의 배량의 명칭과 기호는 SI 중에 포함되지 않고 국제표준화기구(International Organization for Standardization, ISO)에서도 사용하지 않도록 강력하게 권고하고 있다. 그러나 실제로는 농도를 나타내는 단위로서 그것이 물질량 분율인가, 질량 분율인가, 체적 분율인가조차도 밝히지 않고 사용하는 일이 많다. % 및 ‰의 기호를 이용하는 경우에는 적어도 정의를 분명히 해야 한다. 그보다는 적당한 SI단위를 이용해 다음과 같이 기술하

는 편이 바람직하다.

[예] 질량 분율은 $w=1.5\times10^{-6}=1.5$mg/kg

물질량 분율은 $x=3.7\times10^{-2}=3.7\%$ 또는 $x=37$mmol/mol

원자흡광분석법으로 조사한 결과, 수용액 중에 포함되는 Ni의 질량 농도는 ρ(Ni)$=2.6$mg/L였다. 이것은 질량 분율로 해, 대략 w(Ni)$=2.6\times10^{-6}$에 상당한다.

위의 각 예에서 양에 대해서는 추천되고 있는 명칭과 기호를 사용하는 것이 중요하다. 다만, '니켈의 농도는 2.6×10^{-6}이다.'라고 하는 기술하는 것은 애매하므로 피해야 하는 것이다.

마지막 수용액 중의 니켈의 예는 ρ/(mg/L)와 $w/10^{-6}$이 근사적으로 동일함을 나타내고 있다. 이것은 희박한 수용액의 질량 밀도를 대략 1.0g/mL이라고 해도 좋은 것에 기인한다. 통상적으로 희박한 용액은 mg/L의 단위로 나타낸 기지의 질량 밀도를 가진 용액을 기준으로 해서 측정·교정하는 일이 많다.

SI 문서에서는 상대값 10^{-6}(즉, 백만분율)을 의미하는 ppm은 반드시 사용을 금지하고 있지 않지만, ppb와 ppt는 사용 언어에 따라 의미가 다르므로 피하는 것이 좋다. 일반적으로 영어권에서는 billion은 10^9, trillion는 10^{12}로 이해되지만, 각각 10^6의 제곱과 세제곱이라고 해석될 우려가 있고, ppt는 천분율이라고 받아들일 위험성이 있다. 따라서 %나 ppm 등을 이용할 때는 대응하는 무차원량을 나타내는 것이 중요하다.

기타, %(V/V)(체적 백분율의 의미)와 같이 %에 또 다른 표시를 더하는 것은 피해야 하는 것이다. 물리량의 기호에 설명을 위한 표시를 첨가하는 것은 지장이 없지만, 단위 기호에 설명을 붙여서는 안 된다.

[예] '질량 분율은 $w=0.5\%$'라고 써도 좋지만, '0.5%(m/m)'라고 써서는 안 된다.

시판되는 시약의 농도 표시에는 질량 분율이 자주 이용된다(표 1.3 참조). 예를 들면, 질량 분율 60%로 판매되고 있는 질산은 100g당 60g의 HNO_3를 포함하고 있다.

1.2.2 특별한 시약의 농도 표시 방법

JIS K 0050 : 2011(화학분석 방법 통칙)에 의하면 〈표 1.3〉에 나타내는 시약에 대해서는 통상의 방법으로 농도를 표시하는 것 외에 물과의 혼합비로 농도를 표시하는 것이 인정되고 있다.

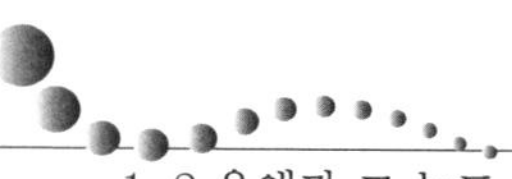

〈표 1.3〉 물과의 혼합비로 농도를 나타내는 것이 가능한 시약

시약의 명칭	화학식	순도 또는 농도 (질량 분율)[%]	물질량 농도 (개략값) [mol/L]	밀도 (20℃) [g/mL]
염산	HCl	35.0~37.0	11.7	1.18
질산	HNO_3	60~61	1.33	1.38
과염소산	$HClO_4$	60.0~62.0	9.4	1.54
불화수소산	HF	46.0~48.0	27.0	1.15
브롬화수소산	HBr	47.0~49.0	8.8	1.48
요오드화수소산	HI	55.0~58.0	7.5	1.70
황산	H_2SO_4	95.0 이상	17.8 이상	1.84 이상
인산	H_3PO_4	85.0 이상	14.7 이상	1.69 이상
초산	CH_3COOH	99.7 이상	17.4 이상	1.05 이상
암모니아수	NH_3	28.0~30.0	15.4	0.90
과산화수소	H_2O_2	30.0~35.5	-	1.11

이 표와 다른 순도 또는 농도의 시약을 사용하는 경우는 그 순도, 농도 또는 밀도를 시약명 또는 화학식의 뒤에 기재한다. 이 경우, 위의 (a+b)의 표시는 적용할 수 없다. JIS 규격에 규정된 염산(시약)에는 특급 및 비소 분석용이 있지만, 이 표에 나타내는 염산은 특급이다. 단, 비소 분석용에 대해 염산(비소 분석용)이라고 적음으로써 위의 (a+b)의 표시를 적용할 수 있다.

즉, 〈표 1.3〉의 시약은 이 표에서 지정되고 있는 순도 또는 농도이면 시약의 체적 a와 물의 체적 b를 혼합했을 경우 '시약명(a+b)' 또는 '화학식(a+b)' 라고 표시할 수가 있다.

예제 1.5

염화나트륨(NaCl)의 질량 분율 $w=10\%$의 수용액을 100g 만들려면 물 및 NaCl 몇 g이 필요한가? 또 이 염화나트륨 수용액의 밀도를 1.07g/mL로 해서 물질량 농도를 구하시오(NaCl의 식량=58.4).

[해답] 필요한 NaCl을 xg, 물을 yg으로 하면 질량 분율의 정의로부터

$$\frac{x[\mathrm{g}]}{x[\mathrm{g}]+y[\mathrm{g}]}\times 100=10[\%].\quad \text{또, 전체 질량}=x[\mathrm{g}]+y\,[\mathrm{g}]=100[\mathrm{g}]$$

이므로 $x=10$, $y=100-x=90$. 따라서 10g의 NaCl과 90g의 물이 필요하다

물질량 농도의 단위는 mol/L이므로 1L의 염화나트륨 수용액을 생각한다. 그 질량은

1,000[mL]×1.07[g/mL]=1,070[g]. 이 질량의 10%(=0.10)가 NaCl이기 때문에 1L 중의 NaCl은 1,070[g/L]×0.10=107[g/L]. (107g/L)/(58.4g/mol)=1.83[mol/L]. 따라서, 이 염화나트륨 수용액의 물질량 농도는 1.83mol/L이다.

예제 1.6

체적 분율 ϕ =10%의 에탄올 수용액 100mL를 만들려면, 몇 mL의 순 에탄올에 물을 더해 100mL로 하면 좋은가?

[해답] 순 에탄올 10mL에 물을 더해 100mL로 한다. 물을 90mL 더해도 전체의 체적은 100mL가 되지 않는다.

물은 수소결합에 의한 틈새가 많은 3차원 구조를 가진다. 이 물에 염이나 다른 용매가 녹으면 물 구조의 일부가 변화하기 때문에 에탄올 10mL+물 90mL=100mL가 되지 않는 것이다.

예제 1.7

150kg의 구리 덩어리 중에 3mg의 셀렌이 포함되어 있다. 셀렌의 함유율을 질량 분율로 나타내라.

[해답] $3\text{mg}/150\text{kg}=3\text{mg}/(1.5\times100\text{kg})=(3\text{mg}/1.5)/(100\times10^{6}\text{mg})=2/10^{8}$
$=2\times10^{-8}$

1.2.3 용액의 희석

용액을 이용하는 화학실험에서는 예를 들면 진한 염산으로부터 묽은 염산을 만들고, 진한 수산화나트륨 수용액으로부터 묽은 수산화나트륨 수용액을 만든다고 하면 희석조작이 자주 행해진다. 아래에 용액 희석의 계산법을 해설한다.

2mol/L의 NaOH 용액 100mL를 물로 희석해 500mL로 했다고 하면 체적을 100mL부터 500mL로 5배로 했으므로 농도는 5분의 1로 희석된다. 즉, 희석한 후의 NaOH 용액의 농도는 2[mol/L]/5=0.4mol/L 이다.

여기서 NaOH의 양은 희석 전후에 불변이므로 다음과 같이 생각할 수도 있다. 2mol/L의 NaOH 용액 100mL 중에는 NaOH가 2mol/L×0.1L=0.2mol이 존재한다. 이 0.2mol의 NaOH가 500mL의 용액 중에 존재하므로 희석 후 NaOH의 농도는

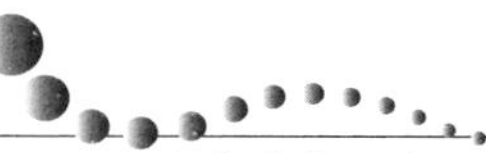

0.2mol/0.5L=0.4mol/L이다.

희석하기 전의 용액(물질량 농도 c, 체적 V)과 희석한 후의 용액(물질량 농도 c', 체적 V')에서는 용액 중에 포함되는 용질의 물질량(단위 mol)은 같다(일정). 즉,

$c$mol/L×VL=cVmol=$c'V'$mol이 성립한다.

예제 1.8

11.5mol/L의 염산을 희석해 1mol/L의 용액을 500mL 만들고자 한다. 이때 11.5mol/L의 염산은 몇 mL 필요한가?

[해답] 11.5배로 희석했으므로 500mL/11.5=43.5mL 필요하다. 또는, 11.5mol/L 염산의 필요량을 xmL로 한다면, $cV=c'V'$=(물질량)으로부터 11.5mol/L×(x/1000)=1mol/L×(500/1,000)L. 이것을 풀면 x=43.5[mL].

예제 1.9

체적 분율 ϕ=99.5%의 시약 특급 에탄올을 이용해 체적 분율 ϕ=70%의 소독용 에탄올을 조제하려면 몇 mL의 특급 에탄올을 취해 물로 200mL로 희석하면 좋은가?

[해답] 체적 분율의 정의로부터 체적 분율 ϕ=70%의 에탄올 200mL에는 (70mL/100mL)×200mL=140mL의 에탄올이 포함된다.

이 만큼의 에탄올을 포함한 체적 분율 ϕ=99.5% 시약 특급 에탄올의 체적은 140ml/(99.5mL/100mL)=140.7 mL≒ 141mL. 141mL의 시약 특급 에탄올에 물을 더해 200mL로 하면 된다.

예제 1.10

질량 분율 w=25%의 진한 암모니아수(밀도 0.91g/mL)를 이용해 질량 분율 w=1%의 암모니아수(밀도 0.99g/mL)를 100mL 조제하려면 진한 암모니아수 몇 mL와 물로 100mL로 하면 좋은가?

[해답] 질량 분율의 정의에 의해 질량 분율 w=25%≡25g[(암모니아)/100g(암모니아수)], 질량 분율 w=1%≡[1g(암모니아)/100g(암모니아수)]이다. 따라서 질량 분율 w=1%의 암모니아수(밀도 0.99g/mL) 100mL에 포함되는 암모니아의 질량[g]은 (100mL×0.99g/mL)×(1g/100g)=0.99g이다. 한편 질량 분율 w=25%의 진한 암모

니아수(밀도 0.91g/mL)의 1mL 중에 포함되는 암모니아의 질량[g]은 (1mL×0.91g/mL)×(25g/100g)=0.23g이다. 따라서 0.99g/(0.23g/mL)=4.3mL의 진한 암모니아수를 취해 물로 100mL로 하면 된다.

1-3 용액의 pH

pH는 용액의 화학적인 성질을 나타내는 중요한 파라미터(parameter)의 하나이며, 다양한 화학반응과 관계되는 것으로 알려져 있다. 따라서 화학분석에는 pH의 기본과 올바른 측정법의 지식이 필수이다.

1.3.1 pH의 정의

1909년에 세렌센(P. L. Sørensen)은 수소 이온의 몰 농도를 c_{H^+}로서 pH를 다음 식으로 정의했다.

$$pH = -\log c_{H^+} \tag{1.4}$$

그 후의 연구에서 수소 이온의 활동도 a_{H^+}를 이용해 식(1.5)과 같이 수정됐다.

$$pH = -\log a_{H^+} \tag{1.5}$$

전기화학 분야의 분석화학 용어를 규정한 JIS K 0213 : 2014「분석화학 용어(전기화학 부문)」에서는 식(1.5)에 관해서 “수소 이온의 활동도의 역수의 상용대수. 이것은 개념상의 정의로 실측할 수 없는 값이다.”라고 설명하고 있다. 이와 같이 단독 이온의 활동도는 직접 실측할 수 없기 때문에, 실용적인 pH 측정법이 JIS Z 8802 : 2011 ‘pH 측정방법’으로 규정되어 있어, pH는 다음과 같이 정의되고 있다. “이 규격에 규정한 pH 표준액의 pH값을 기준으로, 유리전극 pH계에 의해 측정되는 기전력으로부터 구해지는 값”. pH가 분명한 pH 표준액을 기준으로서 유리전극 pH계의 표시도를 교정해, 그 pH계로 측정해 얻어진 상대적인 pH값을 pH로 한다고 하는 정의이다.

pH는 일찍이 ‘페하’라고 읽었지만 JIS Z 8802에서 ‘피에이치라고 읽는다’라고 통일되었다.

 1.3.2 pH계

유리전극을 이용하는 pH 측정은 유리전극, 비교전극, 온도보상전극 3종의 전극을 pH미터에 접속해 행해진다. JIS Z 8802에서는 이러한 구성요소를 정리해 pH계라고 정의하고, 앞의 3종의 전극을 검출부라고 정의하고 있다. pH계는 사용목적에 따라 휴대용, 탁상용, 정치용의 3종으로 분류된다. 또, 그 성능에 따라 〈표 1.4〉에 나타내는 4 형식으로 하는 것이 JIS Z 8802에 규정되어 있는데, 성능은 JIS Z 8802의 '8.1 pH계의 시험'(본서에서는 1.4.4에 기재)에 규정되어 있다. '반복성 시험'과 '직선성 시험'의 결과에 따라 판단한다.

유리전극은 특수한 조성의 유리박막이 수소 이온에 선택적으로 응답해, 그 용액과의 계면에서 pH에 대응한 전위차를 일으킨다. 한편, 비교전극은 일정한 전위를 나타내는

〈표 1.4〉 pH계의 형식

형식	반복성*	직선성*
0	±0.005	±0.03
I	±0.02	
II	±0.05	±0.06
III	±0.1	±0.1

* JIS Z 8802의 8.1 pH계의 시험에 따름.

기준이 되는 전극으로 유리전극에 대해 발생한 전위차를 측정한다. 온도보상전극은 시료용액의 온도를 측정해, 유리전극의 온도에 의한 영향을 전기적으로 보정하는 것이다. pH 미터는 유리전극과 비교전극의 사이에서 발생한 pH에 의존하는 전압 신호를 온도보상전극으로 검지한 시료온도의 영향을 보정하면서 pH값으로 변환하는 전압계이다

〈그림 1.1〉에 유리전극(a)와 비교전극(b)의 구조를 나타낸다. 또, 두 전극과 온도보상전극을 하나로 정리한 복합전극(c)의 구조도 나타낸다. 실용적으로는 복합전극이 자주 이용되지만, 여기에서는 기본적인 것을 해설하는 것이므로 개별 전극을 중심으로 설명한다.

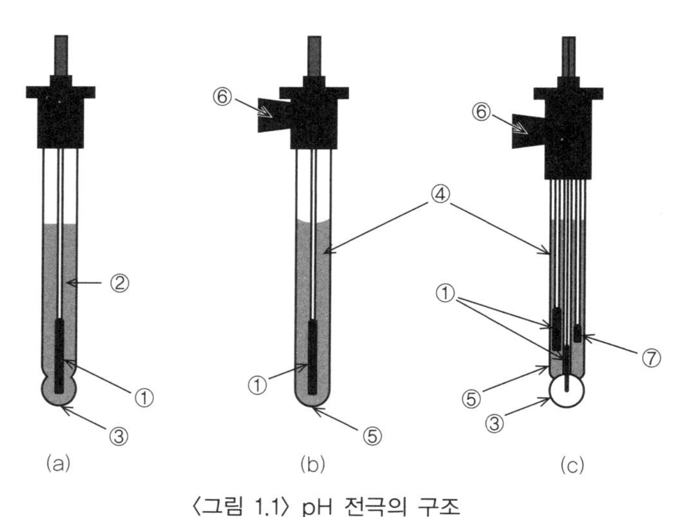

〈그림 1.1〉 pH 전극의 구조
(a) 유리전극, (b) 비교전극, (c) 복합전극
① 은/염화은 전극, ② 유리전극 내부액(KCl를 포함한 pH 완충액), ③ 전극막, ④ 비교전극 내부액(KCl 용액),
⑤ 액락부, ⑥ 내부액 보충구, ⑦ 온도보상전극

유리전극은 선단부에 특수한 유리막(JIS에서는 전극막이라고 부른다)이 붙어 있다. 이 유리막은 수소 이온에 선택적으로 응답해, 용액과의 pH에 대응한 전위차를 발생한다. 유리막의 안쪽과 pH가 다른 용액이 pH의 차이에 비례해 기전력이 생긴다. 한편, 비교전극은 일종의 구멍(JIS에서는 '액락부' 라고 부른다)을 지니고 있고, 내부액과 시료용액은 이온을 이용하여 전기적으로 연결되어 있다.

유리전극의 내부액은 염화칼륨을 포함한 pH 완충액(중성 인산염 pH 표준액)이며, 비교전극의 내부액은 염화칼륨만으로 된 용액이다. 전자에 pH 표준액이 포함되는 것은 유리막의 기전력을 측정할 뿐 아니라 내부액의 pH를 일정하게 유지할 필요가 있기 때문이다. 또, 양 전극 모두 내부액에 약 3.3mol/L의 염화칼륨을 포함하는 것은 은/염화은의 평형반응($AgCl+e^-=Ag+Cl^-$)에 근거한 일정 전위를 얻기 위해서다.

1.3.3 pH 표준액

pH 측정용 유리전극의 응답 특성은 전극의 타입이나 사용 상황에 따라 변동하기 때문에 측정할 때마다 pH 표준액을 이용해 교정할 필요가 있다.

pH의 교정에는 용액의 농도가 조금 변화하더라도 pH가 변화하기 어려운 성질을 가

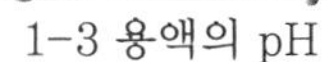

진 pH 완충액이 사용된다. 이러한 pH 완충액의 pH값은 용액 중 염의 산·염기 평형반응에 의해 결정되고 그 평형상수가 온도의 영향을 받기 때문에 pH는 온도에 따라 변화한다.

[1] pH 표준액의 종류 및 품질·조성

JIS Z 8802에서는 〈표 1.5〉에 나타내듯이 '인증 pH 표준액'과 '조제 pH 표준액'이 규정되어 있다. 인증 pH 표준액은 국제도량형위원회(CIPM)의 물질량 자문위원회(CCQM)가 정하는 1차 측정법에 따라 pH값이 측정된 pH 표준액 또는 거기에 트레이서블한 pH 표준액이며, 95%의 신뢰 구간을 주는 확장 불확실도가 대략 0.015 이내의 것을 가리킨다. 또, 조제 pH 표준액이란 JIS Z 8802의 7.3에 규정되어 있는 조제 pH 표준액의 조제방법에 따라 조제한 〈표 1.7〉의 조성을 가진 pH 표준액이다. 다만, 그 pH값에 대해서는 보증된 것은 아니다. 또, 조제 pH 표준액은 시약 제조사나 pH계 제조사에서 판매되고 있지만 사용자가 JIS에 규정되고 있는 방법으로 조제해 이용할 수도 있다.

〈표 1.5〉 표준액의 종류 및 품질·조성

종류	품질		pH 표준액의 조성
	인증 pH 표준액	조제 pH 표준액	
옥살산염 pH 표준액	예를 들어, JCSS의 pH 표준액	JIS Z 8802의 7.3에 따라 조제한 것	0.05mol/kg 2옥살산3수소칼륨 수용액
프탈산염 pH 표준액	예를 들어, JCSS의 pH 표준액		0.05mol/kg 프탈산수소칼륨 수용액
중성 인산염 pH 표준액	예를 들어, JCSS의 pH 표준액		0.025mol/kg 인산2수소칼륨. 0.025mol/kg 인산수소이나트륨 수용액
인산염 pH 표준액	예를 들어, JCSS의 pH 표준액		0.008695mol/kg 인산2수소칼륨. 0.03043mol/kg 인산수소이나트륨 수용액
붕산염 pH 표준액	예를 들어, JCSS의 pH 표준액		0.01mol/kg 4붕산나트륨(붕사) 수용액
탄산염 pH 표준액	예를 들어, JCSS의 pH 표준액		0.025mol/kg 탄산수소나트륨. 0.025mol/kg 탄산나트륨 수용액

〈표 1.6〉 조제 pH 표준액의 각 온도에서의 pH값 전형값

온도 [℃]	pH값				
	옥살산염	프탈산염	중성 인산염	붕산염	탄산염*
0	1.67	4.01	6.98	9.46	10.32
5	1.67	4.01	6.95	9.39	(10.25)
10	1.67	4.00	6.92	9.33	10.18
15	1.67	4.00	6.90	9.27	(10.12)
20	1.68	4.00	6.88	9.22	(10.07)
25	1.68	4.01	6.86	9.18	10.02
30	1.69	4.01	6.85	9.14	(9.97)
35	1.69	4.02	6.84	9.10	(9.93)

* 괄호 안의 값은 2차 보간값을 나타낸다.

(2) pH 표준액의 각 온도에서의 pH값

조제 pH 표준액의 35℃ 이하의 각 온도에서의 pH값의 전형값을 〈표 1.6〉에 나타내고, 인증 pH 표준액의 35℃ 이하의 각 온도에서의 pH값의 전형값을 〈표 1.7〉에 나타낸다. 〈표 1.6〉 또는 〈표 1.7〉에 기재되어 있는 온도 사이의 pH값은 완만하게 보간해 구할 수가 있다.

[3] 조제 pH 표준액의 조제법

JIB Z 8802의 7.3.2에 규정되어 있는 각 조제 pH 표준액의 조제방법은 다음과 같다. 다만, 체적은 25℃에서의 것으로 한다. 또, 시약의 칭량은 해면에 가까운 고도에서의 최대 용량 시에 공기의 부력을 보정하지 않은 천칭(밀도 8g/cm^{3}의 분동으로 교정한 것)의 표시값으로 한다. 물은 도전율 2×10^{-6}S/cm(25℃) 이하의 것을 사용한다. 붕산염 조제 pH 표준액 및 탄산염 조제 pH 표준액의 경우에는 특히 이산화탄소를 제거한 것을 사용해야 한다.

1) 옥살산염 조제 pH 표준액 JIS K 8474에 규정하는 2옥살산3수소칼륨 2수화물을 유발로 갈아서 으깨어 실리카겔을 넣은 데시케이터 중에 18시간 이상 보존한다. 그 12.606g을 취해 소량의 물에 녹여 전량 플라스크 1L로 옮겨 넣어 물을 표선까지 더한다.

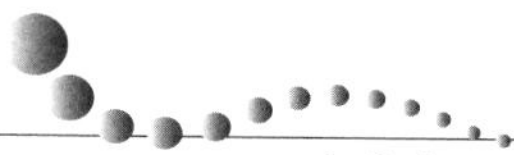

〈표 1.7〉 인증 pH 표준액의 각 온도에서의 pH값 전형값

온도[℃]	pH값					
	옥살산염		프탈산염		중성 인산염	
	제1종	제2종	제1종	제2종	제1종	제2종
0	1.666	1.67	4.003	4.00	6.984	6.98
5	1.668	1.67	3.999	4.00	6.951	6.95
10	1.670	1.67	3.998	4.00	6.923	6.92
15	1.672	1.67	3.999	4.00	6.900	6.90
20	1.675	1.68	4.002	4.00	6.881	6.88
25	1.679	1.68	4.008	4.01	6.865	6.86
30	1.683	1.68	4.015	4.02	6.853	6.85
35	1.688	1.69	4.024	4.02	6.844	6.84

온도[℃]	pH값				
	인산염		붕산염		탄산염
	제1종	제2종	제1종	제2종	제2종
0	7.534	7.53	9.464	9.46	10.32
5	7.500	7.50	9.395	9.40	10.24
10	7.472	7.47	9.332	9.33	10.18
15	7.448	7.45	9.276	9.28	10.12
20	7.429	7.43	9.225	9.22	10.06
25	7.413	7.41	9.180	9.18	10.01
30	7.400	7.40	9.139	9.14	9.97
35	7.389	7.39	9.102	9.10	9.92

제1종은 국제법정계량기관(Organisation Internationale de Metrologie Legale, OIML)의 권고(recommendation R054-e81)에 기재된 값이고, 제2종은 그것을 소수점 이하 2자릿수로 사사오입한 것이다.

2) 프탈산염 조제 pH 표준액 JIS K 8809에 규정하는 프탈산수소칼륨을 미리 120℃로 약 1시간 가열해, 실리카겔을 넣은 데시케이터 중에서 방랭한다. 그 10.119g을 취해 소량의 물에 녹여 전량 플라스크 1L로 옮겨 넣고 물을 표선까지 더한다.

3) 중성 인산염 pH 표준액 JIS K 9007에 규정하는 인산2수소칼륨을 미리 105℃±2℃로 2시간, JIS K 9020에 규정하는 인산수소2나트륨은 110℃로 2시간 각각 가열해, 실리카겔을 넣은 데시케이터 중에서 방랭한다. 인산2수소칼륨 3.390g과 인산수소2나트륨 3.536g을 취해, 소량의 물에 녹여 전량 플라스크 1L로 옮겨 넣어 물을 표선까

지 더한다.

4) **인산염 조제 pH 표준액** JIS K 9007에 규정하는 인산2수소칼륨을 미리 105℃ ±2℃로 2시간, JIS K 9020에 규정하는 인산수소2나트륨은 110℃로 2시간 각각 가열해, 실리카겔을 넣은 데시케이터 중에서 방랭한다. 인산2수소칼륨 1.179g과 인산수소2나트륨 4.302g을 취해 소량의 물에 녹여 전량 플라스크 1L로 옮겨 넣어 물을 표선까지 더한다.

5) **붕산염 조제 pH 표준액** JIS K 8866에 규정하는 4붕산나트륨10수화물을 유발로 갈아서 으깨어 브롬화나트륨 용액(포화)에, 여기에 JIS K 8514에 규정하는 브롬화나트륨을 더한 용액을 넣은 데시케이터 중에 방치해 항량(恒量)으로 한다. 그 3.804g을 취해 이산화탄소를 포함하지 않은 소량의 물에 녹여 전량 플라스크 1L로 옮겨 넣어 이산화탄소를 포함하지 않은 물을 표선까지 더한다.

6) **탄산염 조제 pH 표준액** JIS K 8622에 규정하는 탄산수소나트륨을 실리카겔을 넣은 데시케이터 중에서 약 3시간 방치하고 그 2.100g을 취한다.

이와는 별도로 JIS K 8625에 규정한 탄산나트륨을 백금 도가니에서 600℃로 가열 항량으로 해, 2.640g을 취한다. 양자를 이산화탄소를 포함하지 않은 소량의 물에 녹여 전량 플라스크 1L로 옮겨 넣어 이산화탄소를 포함하지 않은 물을 표선까지 더한다.

[4] pH 표준액의 보존법

조제 pH 표준액은 상질의 경질유리 또는 폴리에틸렌 병 안에 밀폐해 보존한다. 조제 pH 표준액은 장기간 보존에 의해 pH값이 변화한다. 예를 들면, 붕산염 조제 pH 표준액 및 탄산염 조제 pH 표준액은 이산화탄소 등을 흡수해 pH값이 저하한다. 따라서, 조제 후 오래된 것은 새롭게 조제한 것과 비교해 pH값이 동일한지를 확인하고 사용해야 한다. 한편, 인증 pH 표준액에 대해서는 각각의 개별 인증서 또는 교정 증명서에 따른다. pH 표준액은 한 번 사용한 것 및 대기 중에 개방해 방치한 것은 재차 사용해서는 안 된다.

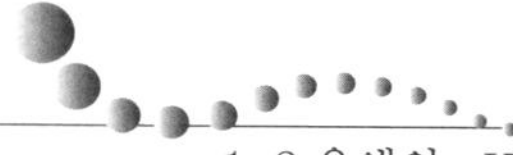

1.3.4 pH의 측정

[1] pH계의 시험

pH계의 시험은 다음과 같이 실시한다.

1) **반복성 시험** 아래와 같은 [2] **준비** 및 [3] **pH계의 교정**에 따라 준비한 pH계의 검출부를 임의의 1종류의 pH 표준액에 담가, 10분 후에 pH계의 눈금을 읽는다. 다음으로 검출부를 물로 충분히 씻어 수분을 닦고 다시 같은 pH 표준액에 담가, 10분 후에 pH계의 눈금을 읽는다. 이와 같이 조작해 pH 표준액에 대해 3회 측정해서 이들 눈금값이 모두 각 pH계의 형식에 대해서 〈표 1.4〉의 규정을 만족해야 한다.

2) **직선성 시험** [2] **준비**에 따라 준비한 검출부를 중성 인산염 pH 표준액 및 프탈산염 pH 표준액을 이용하고, [3] **pH계의 교정**에 준해 pH계를 교정한 후 검출부를 물로 충분히 씻은 후 닦고, 붕산염 pH 표준액에 담가 그 값을 읽는다. 다음으로 검출부를 다시 물로 충분히 씻어 수분을 닦고 다시 같은 붕산염 pH 표준액에 담가, 눈금값을 읽는다. 이와 같이 조작해 붕산염 pH 표준액에 대해 3회 측정해 평균한다. 이 평균값을 이용한 붕산염 pH 표준액의 pH값과의 차이가 각 pH계의 형식에 대해서 〈표 1.4〉의 규정을 만족해야 한다.

덧붙여 직선성 시험에 사용하는 pH 표준액은 〈표 1.8〉에 의한다.

〈표 1.8〉 직선성 시험에 사용하는 pH 표준액

형식	사용하는 pH 표준액
0	인증 pH 표준액으로 소수점 이하 3자리수의 표시가 있는 것. 예를 들면, JCSS[a]의 제1종[b]
Ⅰ	인증 pH 표준액 또는 조제 pH 표준액
Ⅱ	
Ⅲ	

a) Japan Calibration Service System(계량법 교정 사업자 등록제도).
b) JCSS의 시판 pH 표준액에는 제1종과 제2종이 있다. 제2종의 pH 표준액은 소수점 이하 2자릿수까지 나타내고 있다.

3) 위의 1) 및 2)의 시험은 pH 표준액의 액체 온도 10~40℃에서 실시하고, 각 pH 표준액의 온도 안정성은 〈표 1.9〉에 나타내는 값을 넘는 변동이 있어서는 안 된다.

〈표 1.9〉 pH 표준액의 온도 측정 정밀도 및 교정 중 pH 표준액의 온도 안정성

<table>
<tr><th>형식</th><th>pH 표준액의 온도 측정 정밀도</th><th>교정 중 pH 표준액의 온도 안정성</th></tr>
<tr><td>0</td><td>±0.1℃</td><td>±0.2℃</td></tr>
<tr><td>Ⅰ</td><td rowspan="3">±0.5℃</td><td>±0.5℃</td></tr>
<tr><td>Ⅱ</td><td rowspan="2">±2℃</td></tr>
<tr><td>Ⅲ</td></tr>
</table>

[2] 준비

미리 pH계에 전원을 켜고 검출부(전극)를 물로 반복해 3회 이상 씻어 깨끗한 여과지, 탈지면 등으로 닦아 둔다. 다만, 특히 전극이 더러워져 있는 경우에는 필요에 따라서 0.1mol/L 염산 등으로 단시간에 씻은 다음 흐르는 물로 충분히 씻는다. 또, 오랫동안 건조상태에 있던 유리전극은 미리 하룻밤(예를 들면, 12시간) 물속에 담근 후 사용한다.

[3] pH계의 교정

pH계의 교정은 아래와 같이 제로 교정과 스팬 교정으로 실시한다. 제로 교정과 스팬 교정을 교대로 실시해 형식 0, Ⅰ, Ⅱ 및 Ⅲ의 pH계에 대해 pH값을 각각 ±0.005, ±0.02, ±0.05 및 ±0.1로, 조제 pH 표준액을 이용했을 경우는 〈표 1.6〉, 인증 pH 표준액을 이용했을 경우는 인증서 또는 교정 증명서의 값과 일치할 때까지 교정한다.

교정하는 경우에는 pH 표준액을 〈표 1.5〉로부터 선정해, pH 표준액의 온도 측정 정밀도 및 교정 중 pH 표준액 온도의 안정성은 〈표 1.9〉에 의한다. 다만, 측정목적 또는 개별규격의 지정에 따라 인증 pH 표준액 또는 조제 pH 표준액의 어느 쪽이든 선정한다. 그때, 트레이서빌리티가 필요한 경우에는 인증 pH 표준액을 이용하지 않으면 안 된다.

1) 제로 교정 제로 교정은 검출부를 중성 인산염 pH 표준액에 담가, pH 표준액의 온도에 대응하는 값으로 조정해 교정한다. 이 경우, 조제 pH 표준액을 이용했을 경우는 〈표 1.6〉, 인증 pH 표준액을 이용했을 경우는 인증서 또는 교정 증명서의 값으로 교정한다.

또한, 온도 보상용 다이얼 또는 디지털 스위치의 설정이 있는 것은 눈금값을 pH 표

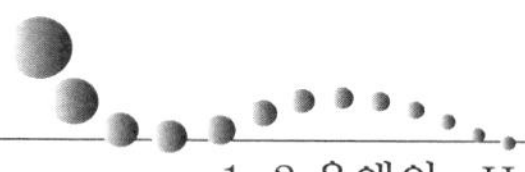

준액의 온도에 맞춘다.

2) **스팬 교정** 스팬 교정은 다음과 같이 실시한다.

a) 시료용액의 pH값이 7이하인 경우 : 검출부를 프탈산염 pH 표준액 또는 옥살산염 pH 표준액에 담가, pH 표준액의 온도에 대응하는 값으로 조정해 교정한다. 이 경우, 조제 pH 표준액을 이용한 경우는 〈표 1.6〉 인증 pH 표준액을 이용한 경우는 인증서 또는 교정 증명서의 값으로 교정한다.

b) 시료용액의 pH값이 7을 넘는 경우 : 검출부를 인산염 pH 표준액, 붕산염 pH 표준액 또는 탄산염 pH 표준액에 담그고 그 후의 조작은 1)과 같이 실시한다. 또한, 시료용액의 pH값이 11 이상인 경우, 조제 pH 표준액에 준한 용액으로서 탄산염을 포함하지 않는 0.1mol/L 수산화나트륨 용액 및 포화(25℃에 있어서의) 수산화칼슘 용액을 사용할 수가 있다. 이들 수용액의 각 온도에 있어서의 pH값은 〈표 1.10〉에 나타낸 바와 같다.

[4] 측정

pH계를 교정한 후, 전극을 세정하고 즉시 시료용액의 pH 측정을 실시한다. 시료용액의 양은 측정값이 변화하지 않는 정도로 충분히 취한다. 또한 온도 보상용 다이얼 또는 디지털 스위치의 설정이 있는 것은 측정 중 액체의 온도는 〈표 1.9〉의 값을 넘는 변동이 있어서는 안 된다.

〈표 1.10〉 0.1mol/L 수산화나트륨 용액 및 포화 수산화칼슘 용액의 각 온도에서의 pH값 (참고)

온도 [℃]	0.1mol/L 수산화나트륨 용액	포화 수산화칼슘 용액	온도 [℃]	0.1mol/L 수산화나트륨 용액	포화 수산화칼슘 용액
0	13.8	13.43	35	12.6	12.14
5	13.6	13.21	40	12.4	11.99
10	13.4	13.00	45	12.3	11.84
15	13.2	12.81	50	12.2	11.70
20	13.1	12.63	55	12.0	11.58
25	12.9	12.45	60	11.9	11.45
30	12.7	12.30			

pH값이 11 이상의 측정에 있어서는 통상의 유리전극에서는 알칼리 오차를 일으켜 측정값이 낮게 나올 우려가 있다. 특히, 알칼리 금속 이온 농도가 높은 경우에는 오차가 커진다. 따라서, 알칼리 오차가 적은 전극을 사용하고 동시에 필요한 보정을 하는 것이 바람직하다.

1-4 완충액

완충액이란 외부로부터의 산·염기의 혼입이나 다른 반응에 의한 산·염기의 발생에 의해 용액 중의 산·염기의 농도가 변화해도, pH가 크게 변화하지 않는 용액을 완충액이라고 한다. 단지 완충액이라고 하는 경우는 일반적으로 산·염기 완충액을 가리킨다.

여러 가지 반응이나 측정에 있어서 여러 가지 조건으로 완충액이 이용되고 있다. 종래의 조건으로 실험을 하는 경우에는 지시받은 조건대로 완충액을 조제할 필요가 있다. 한편, pH나 반응물 등이 종래의 조건과 다른 경우에는 완충액의 조성, 농도 등을 실시하려고 하는 실험에 적절한 조건으로 설정해야 한다. 이때, 높은 농도의 완충액을 이용하면 완충제가 목적하는 반응을 억제해 버리는 일이 있다. 그 때문에 적절한 조건을 선택하려면 완충액의 작용 원리, 완충영역, 완충작용의 강도 등에 대해서 이해해 두는 것이 중요하다.

1.4.1 완충작용과 완충액의 pH

완충액은 통상 약산과 그 강염기의 염을 혼합하거나 혹은 약염기와 그 강산의 염을 혼합해 조제한다. 약산을 강염기 또는 약염기를 강산으로 부분적으로 중화한 용액도 동일한 완충작용을 나타낸다. 아래에 초산과 초산나트륨을 혼합한 초산 완충액을 예로서 완충작용을 해설한다.

여기서는 0.1M CH_3COOH-0.1M CH_3COONa의 완충액을 취한다. 이 용액에서는 식(1.6)에 나타내는 것 같은 해리평형에 있다.

$$CH_3COOH \rightleftarrows CH_3COO^- + H^+ \tag{1.6}$$

이 용액에 산을 더하면 더해진 수소 이온은 초산 이온과 반응해 초산이 된다. 그 결과 식(1.6)의 평형은 왼쪽 방향으로 이동해 수소 이온의 농도 증가는 억제된다. 한편,

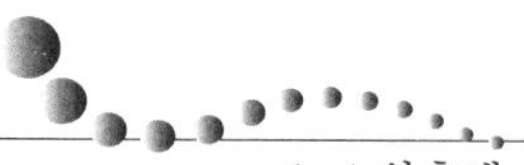

염기를 더하면 수소 이온이 중화되지만, 식(1.6)의 평형은 우측 방향으로 이동해 수소 이온이 보급되므로 수소 이온의 농도 감소는 억제된다. 다음에 이 완충액의 pH를 구해 보자. 우선, 초산의 산 해리상수는 식(1.7)로 나타낸다.

$$K_a = \frac{[CH_3COO^-][H^+]}{[CH_3COOH]} \tag{1.7}$$

이 식을 변형하면 수소 이온 농도는 식(1.8)로 주어진다.

$$[H^+] = \frac{[CH_3COOH]}{[CH_3COO^-]} K_a \tag{1.8}$$

초산나트륨은 완전히 해리하므로 초산 이온 $[CH_3COO^-]$의 농도는 초산나트륨의 농도와 동일해진다. 또, 초산은 산 해리상수가 매우 작기($-\log K_a = 4.73$, 25℃) 때문에 초산과 초산나트륨과의 농도가 동일한 용액에서는 근사적으로 $[CH_3COOH] = [CH_3COO^-]$가 된다. 따라서 식(1.8)은 식(1.9)이 되어 초산과 초산나트륨을 같은 농도로 포함한 용액의 pH는 초산의 $pK_a (= 4.73)$와 동일하다.

$$[H^+] = K_a \tag{1.9}$$

다음으로 0.1M CH_3COOH-0.1M CH_3COONa의 완충액에 0.01M의 염산을 첨가했을 때의 pH 변화를 계산해 보자. 더한 염산과 당량분의 초산 이온이 중화되므로 초산 이온은 식(1.10)과 같이 감소한다.

$$[CH_3COO^-] = 0.1 - 0.01 = 0.09(M) \tag{1.10}$$

한편, 초산은 식(1.11)과 같이 증가한다.

$$[CH_3COOH] = 0.1 + 0.01 = 0.11(M) \tag{1.11}$$

따라서 염산 첨가 후의 수소 이온 농도는 식(1.12)와 같으며 pH는 4.64가 된다

$$[H^+] = \frac{[CH_3COOH]}{[CH_3COO^-]} K_a = \frac{0.11}{0.09} \times 10^{-4.73} = 1.22 \times 10^{-4.73} = 10^{-4.64} \tag{1.12}$$

염산을 더하기 전의 pH는 4.73이었으므로 pH의 변화는 0.09단위이다. 이와 같이 완충액을 이용하면 용액의 pH 변화가 매우 작아지는 것을 알 수 있다.

약염기에 강산의 염을 더한 완충액에 대해서도 동일한 관계를 얻을 수 있다. 암모니아 완충액을 예로 들면 암모니아의 염기 해리상수는 식(1.13)이 된다.

$$K_b = \frac{[NH_4^+][OH^-]}{[NH_3]} \quad (1.13)$$

0.1M NH_3-0.1M NH_4Cl 완충액에서는 $[NH_3]=[NH_4^+]$ 이므로 수산화물 이온 농도는 식(1.14)로 나타내진다.

$$[OH^-] = \frac{[NH_3]}{[NH_4^+]} K_b = K_b \quad (1.14)$$

즉, $pOH = pK_b$이다. 여기서, $pH = pK_w - pOH$이고, 또 암모늄 이온의 산 해리상수는 $pK_a(NH_4^+) = pK_w - pK_b(NH_3)$이므로 이것들을 대입하면 식(1.15)을 얻을 수 있다.

$$pH = pK_a \quad (1.15)$$

이상과 같이 약염기-강산과의 염의 계에 대해서도 당량 혼합물 용액의 pH는 약염기 공역산의 pK_a과 같다. 암모니아의 pK_b는 4.76(25℃)이므로 암모늄 이온의 pK_b는 9.24(=14.00-4.76)이다. 따라서 암모니아-염화암모늄의 당량 혼합물 용액의 pH는 9.24가 된다.

1.4.2 완충작용의 강도

완충액을 조제하기 위해서 이용하는 시약(완충제)의 농도가 높아지면 완충작용의 강도가 강해지는 것은 쉽게 추측할 수 있다. 또, 목적의 pH가 완충제의 pK_a와 동일할 때에 완충작용이 가장 강하고, 이 pH가 완충제의 pK_a로부터 멀어지는 만큼 약해지는 것이 예상된다. 실제로 목적의 pH가 완충제의 pK_a로부터 벗어나면 완충작용의 강도가 어떻게 약해질까를 초산 완충액을 예로 들어 설명한다. 산 해리상수의 식으로부터 산형과 염기형의 화학종 비율은 식(1.16)로 나타내진다.

$$\frac{[CH_3COO^-]}{[CH_3COOH]} = \frac{K_a}{[H^+]} \quad (1.16)$$

양변의 대수를 취하면 식(1.17)이 얻어진다.

$$\log \frac{[CH_3COO^-]}{[CH_3COOH]} = pH - pK_a \tag{1.17}$$

여기서, 용액의 pH가 pK_a보다 1단위 낮은 경우에는 식(1.17)의 우변은 −1이며 $[CH_3COO^-]:[CH_3COOH]=1:10$이 된다. 즉, $[CH_3COO^-]$는 초산의 총 농도($C_A=[CH_3COO^-]+[CH_3COOH]$)의 11분의 1이 된다. 게다가, 용액의 pH가 pK_a보다 2단위 낮은 경우에는 식(1.17)의 우변은 −2가 되어 $[CH_3COO^-]:[CH_3COOH]=1:100$이 된다. 즉, $[CH_3COO^-]$는 초산의 총 농도의 100분의 1 정도가 된다. 이와 같이 용액의 pH가 pK_a보다 낮을수록 수소 이온과 반응해 완충작용을 하는 초산 이온의 농도는 크게 감소한다. 반대로, 용액의 pH가 pK_a보다 높은 경우에는 수산화물 이온과 반응해 완충작용을 하는 초산의 농도가 크게 감소한다.

이상과 같이 용액의 pH가 완충제의 pK_a와 동일할 때에 완충작용은 가장 강하고, 용액의 pH가 완충제의 pK_a로부터 멀어지면 완충작용은 급격하게 약해진다. pH가 pK_a로부터 2단위 떨어지면 완충작용의 강도는 수 십분의 1이 되어 거의 완충작용을 나타내지 않게 된다.

1.4.3 완충액의 필요성·이용 목적

화학반응의 평형이나 속도는 용액의 pH의 영향을 받는 경우가 많다. 그러한 경우에 목적의 pH에서 반응을 실시하려면 pH를 일정하게 유지하기 위한 완충액이 필요하다. 다음에 pH의 영향을 받는 대표적인 반응의 예를 나타낸다. 그러나, 실제 반응에 있어서는 보다 복잡한 기구이거나 몇 개의 반응이 조합되는 일도 있으므로 주의가 필요하다.

[1] 산염기 평형

이 경우 수소 이온 농도에 따라 평형은 이동한다. 산을 HA로 나타내면 산 해리에 의해 H^+와 A^-가 생성된다. HA의 산 해리상수와 수소 이온 농도가 동일할($pH=pK_a$) 때 비해리형의 농도 [HA]와 해리형의 농도 $[A^-]$가 같아진다. pH가 pK_a보다 2단위 이상 높을 때 또는 2단위 이상 낮을 때에는 [HA] 및 $[A^-]$는 각각 다른 한쪽에 비해 무시할 수 있을 정도로 작아진다.

[2] 착생성 평형

금속 이온의 착생성에 있어서는 착생성제로부터 프로톤(수소 이온 : 양자), 즉 산이 방출되는 경우가 많다. 프로톤이 부가된 상태의 착생성제를 H_nL로 하면 식(1.18)에 나타내듯이 금속 이온 M(전하는 생략)과의 착생성에 의해 n개의 프로톤이 방출된다.

$$M + M_nL = ML + nH^+ \tag{1.18}$$

예를 들면, 킬레이트 적정에서 10^{-2}M의 에틸렌디아민4초산(EDTA) 표준액을 xmL 더했다고 하면, 착생성에 의해 $(10^{-2} \times x)$mmol 이상의 프로톤이 방출된다. 즉, 그때의 반응은 $(10^{-2} \times x)$mmol 이상의 산을 더한 것과 같다.

식(1.18)이 가리키듯이 프로톤 농도가 증가하면 착생성 평형은 왼쪽 방향으로 이동한다. 즉, pH가 낮아지면 착체는 해리의 방향으로 향한다. 따라서, 착생성을 충분히 진행시키기 위해서는 착생성제로부터 방출되는 프로톤에 의해 pH가 저하하는 것을 억제하기 위해 완충액을 더할 필요가 있다.

[3] 침전반응

침전제가 프로톤을 부가하고 있는 경우에는 침전 생성에 의해 프로톤이 방출된다. 이 반응의 경우는 수소 이온 농도의 증가에 의해 침전이 용해하는 방향으로 평형은 이동하고 침전은 불완전해진다.

중성용액으로부터 탄산칼슘의 침전을 생성시키는 경우를 예를 들면, 이 pH에서는 탄산 이온의 주된 화학종은 탄산수소 이온이므로 침전반응은 식 (1.19)로 나타내진다.

$$Ca^{2+} + HCO_3^- \rightarrow CaCO_3 + H^+ \tag{1.19}$$

탄산칼슘의 침전 생성에 의해 H^+가 방출되어 용액은 산성이 된다. 한편 용액이 산성이 되면 반응은 왼쪽 방향으로 이동하고 탄산칼슘의 침전은 불완전해진다.

[4] 분배·추출

킬레이트 추출 등 착체가 추출되는 경우는 착생성에 대한 pH의 영향이 그대로 분배비를 좌우한다. 예를 들면, 2가의 금속 이온(M^{2+})을 추출제(HL)로 추출하는 경우 그 평형은 식(1.20)으로 나타내진다.

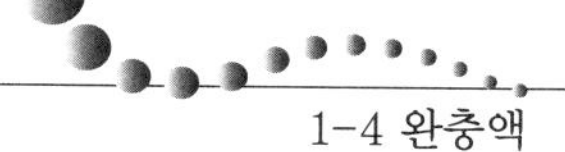

$$M^{2+} + 2HL_0 \rightleftarrows ML_{2,o} + 2H^+ \quad (1.20)$$

여기서, 아래첨자 '0'은 유기상 중의 화학종을 나타낸다. 용매추출을 위해 유기상 중의 화학종이 평형에 관여하고 있지만 식(1.20)에서 알 수 있듯이 물상태 중의 수소 이온 농도가 높아지면 평형은 왼쪽으로 이행해 금속 이온은 추출되기 어려워진다.

1.4.4 완충액의 선택

완충액을 선택하여 사용할 때의 주의점을 다음에 설명한다.

[1] pH

1.4.2에서 말한 것처럼 완충액의 pH가 완충제의 pK_a와 동일할 때 완충작용이 가장 강하다. 따라서 목적하는 pH가 되도록 가까운 pK_a를 가지고, 또한 반응·측정을 저해하지 않는 완충제를 선택한다. 이상적으로는 목적하는 pH로부터 ±0.5단위 정도의 범위의 pK_a를 가진 완충제를 사용하는 것이 좋다. 그것이 곤란한 경우에는 $pK_a \pm 1.5$ 이내의 pH 범위에서 이용한다. 완충제의 pK_a로부터 멀어진 pH로 이용할수록 다량의 완충액을 첨가할 필요가 있다.

[2] 농도

완충액의 농도가 높을수록 완충작용이 큰데, 반응이나 측정에 미치는 영향도 크다. 특히 금속 이온과 착생성하는 완충제는 주의가 필요하다.

[3] 화학적 성질

완충제의 상당수는 금속 이온과 착체를 생성하고 때로는 침전도 생성한다. 따라서 시료 중의 분자나 이온과 반응하기 어려운 시약을 선택하거나, 필요 이상으로 완충제의 농도를 높게 하지 않아야 한다. 인산 완충액은 중성영역에서 자주 이용되지만, 인산 이온은 알칼리토류 금속 이온을 비롯해 대부분의 2가 및 3가의 금속 이온과 불용성의 염을 만든다. 이로써 용액 중의 금속 이온이 제거되는 경우가 있으므로 주의할 필요가 있다. 또, 구연산 등의 유기산은 금속 이온과 착체를 만들어 유리(프리)의 금속 이온의 농도를 저하시킨다.

1.4.5 완충액의 조제법

1.4.4에 기재되어 있는 사항에 주의해 목적에 따라 완충액을 조제하는 것이 필요하다. 지금까지 제안되고 있는 완충액 중에서 대표적인 조제법을 〈표 1.11〉에 나타낸다.

〈표 1.11〉 완충액의 조성과 pH*

(1) 염산-염화칼륨 완충액 : 0.2mol/L의 염화칼륨 용액 25mL에 0.2mol/L의 염산 vmL를 더해 물로 100mL로 희석

v/mL	67.0	52.8	42.5	33.6	26.6	20.7	16.2	13.0	10.2	8.1	6.5	5.1	3.9
pH	1.00	1.10	1.20	1.30	1.40	1.50	1.60	1.70	1.80	1.90	2.00	2.10	2.20

(2) 프탈산수소칼륨-염산 완충액 : 0.1mol/L의 프탈산수소칼륨 용액 50mL에 0.1mol/L의 염산 vmL를 더해 물로 100mL로 희석

v/mL	49.5	42.2	35.4	28.9	22.3	15.7	10.4	6.3	2.9	0.1
pH	2.20	2.40	2.60	2.80	3.00	3.20	3.40	3.60	3.80	4.00

(3) 초산-초산나트륨 완충액 : 0.1mol/L의 초산(A)과 0.1mol/L의 초산나트륨(B)을 다음의 비율(v_A/v_B)로 혼합

v_A/mL	32	16	8	4	2	1	1	1	1	1	1
v_B/mL	1	1	1	1	1	1	2	4	8	16	32
pH	3.19	3.5	3.8	4.1	4.4	4.7	5.0	5.3	5.6	5.9	6.22

(4) 인산2수소칼륨-수산화나트륨 완충액 : 0.1mol/L의 인산2수소칼륨 용액 50mL에 0.1mol/L의 수산화나트륨 용액 vmL를 더해 물로 100mL로 희석

v/mL	3.6	5.6	8.1	11.6	16.4	22.4	29.1	34.7	39.1	42.4	44.5	46.1
pH	5.80	6.00	6.20	6.40	6.60	6.80	7.00	7.20	7.40	7.60	7.80	8.00

(5) 붕산-수산화나트륨 완충액 : 0.1mol/L의 붕산과 0.1mol/L의 염화칼륨을 포함한 용액 50mL에 0.1mol/L의 수산나트륨 용액 vmL를 더해 물로 100ml로 희석

v/mL	3.9	6.0	8.6	11.8	15.8	20.8	26.4	32.1	36.9	40.6	43.7	46.2
pH	8.00	8.20	8.40	8.60	8.80	9.00	9.20	9.40	9.60	9.80	10.00	10.20

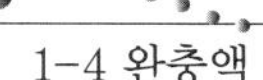

(6) 암모니아-염화암모늄 완충액 : 0.1mol/L의 염화암모늄(A)과 0.1mol/L의 암모니아수(B)를 다음의 비율(v_A/v_B)로 혼합

v_A/mL	32	16	8	4	2	1	1	1	1	1	1
v_B/mL	1	1	1	1	1	1	2	4	8	16	32
pH	8.0	8.3	8.58	8.89	9.19	9.5	9.8	10.1	10.4	10.7	11.0

*일본화학회편「개정 3판 화학 편람, 기초편 Ⅱ」, p.356, 마루젠(丸善, 1984).

【참고문헌】

1) 日本化学会監修，産業技術総合研究所計量標準総合センター訳：「物理化学で用いられる量・単位・記号」，第3版，講談社，2009

2) 立屋敷哲：「演習　溶液の化学と濃度計算」，丸善，2004

3) 宗林由樹，向井浩：「基礎分析化学」，サイエンス社，2007

4) 加藤正直，塚原聡：「基礎からわかる分析化学」，森北出版，2009

5) G. D. Christian・P. K. Dasgupta・K. A. Schug："Analytical Chemistry", 7th ed., Wiley, 2013

6) JIS Z 8802：2011「pH 測定方法」，日本規格協会.

7) 野村聡：「pH のはかりかた」，ぶんせき，518，2011

8) 澤田清，大森大二郎：「緩衝液　その原理と選び方・作り方」，講談社，2009

9) 日本化学会編：「改訂3版　化学便覧，基礎編 II」，丸善出版，2011

제 2 장

시약의 이용과 관리

2-1 처음에

시약의 정의로서 화학물질의 심사 및 제조 등의 규제에 관한 법률(화심법) 제3조 제1항 제3호에서는 "화학적 방법에 따르는 물질의 검출 또는 정량, 물질의 합성의 실험 또는 물질의 물리적 특성의 측정을 위해서 사용되는 화학물질"로 되어 있다. 이에 따르면, 시약은 비교적 소량 이용되는 것을 말하며 시약과 같은 명칭의 물질이라도 대량(톤 단위)으로 사용되는 공업 약품, 공업용 원재료 등은 시약에 해당되지 않는다. 또, 철이나 강철 등의 금속이라도 그 상태나 순도에 따라 시약으로 다루어지는 경우도 있다. 또한, '약제'는 주로 생화학, 생리학 분야에서 사용되는 용어로 '의약품'도 시약과는 별도로 취급(적용되는 법률이 다르다 등)하게 된다.

2-2 시약의 종류와 분류

시약의 분류는 사용 목적, 보존장소나 보존방법의 기초가 되고 그 분류법은 몇 종류가 있다

화학적 성질로는 우선 유기물질과 무기물질로 나눌 수 있다. 또한, 유기물로는 알코올류, 케톤류, 카르본산류 등으로, 무기물로는 염류, 금속, 산화물 등으로 분류된다.

외관으로는 액체·고체·기체로 나눌 수 있지만, 융점이 실온 부근인 시약의 경우 여름에 구입할 때는 액체였는데 겨울에 꺼내면(일부가) 고체가 되어 있는 것도 있으므로 명확하게 분류할 수 없는 것도 있다. 그 일례로서 초산(녹는점이 16.7℃)이 있다. 고체의 경우는 그 형상으로부터, 또한 분말·입상·결정 등으로 나눌 수도 있다. 금속의 경우는 덩어리·입상·분말상·판 모양·얇은 판상·스펀지상 등이 있다. 같은 물질이라도 다른 형상의 것이 시판되고 있는 것은 그 사용목적에 따라 선택하는 것이 필요 혹은 유효한 경우가 있기 때문이다.

또한, 분말과 입자의 구별은 분체공학 등의 특정 분야에서는 필요한 경우가 있지만, 일반적으로 사용할 때는 딱히 구별할 필요가 없다. 다만, 건조제나 원소 분석에 사용되는 과염소산마그네슘과 같이 입경 분포별 혹은 mesh(메시)별로 구분된 것이 시판되고 있는 것도 있는데, 이것은 입경이 반응의 효율 등에 영향을 주기 때문이다. 액체는 유

기용매, 수용액(무기)으로 분류할 수가 있다. 다만, 무기물 중에서도 상온에서 액체인 것으로 수은, 브롬이 있다.

특수한 것으로 금속 리튬이나 금속 나트륨이 있다. 이것들은 고체이지만 물과 접촉하면 폭발적으로 반응하므로 안전을 위해서 등유에 담가 보관하고 꺼내서 사용할 때에도 주의할 필요가 한다. 시약에 해당하지는 않지만 기체는 통상 고압 봄베로 제공된다.

또, 다음에 설명하는 등급과 중복되는 점도 있지만 그 사용방법(용도)에 따라 분류되는 일도 있다. 일반용 시약, 특정 용도 시약, 표준물질(액) 등으로, 특정 용도 시약이란 원자흡광 분석용, 고속 액체 크로마토그래프용, 수질 시험용, 다이옥신 측정용 등 분석법이나 용도가 지정된 것이다. 단백질 관련 유전자 공학용의 시약은 생화학용 시약이라고 부른다. 임상 검사용 시약은 생화학용과는 구별된다. 금속 표준액, pH 표준액용 시약 등은 표준물질(액)로서 구별된다.

2-3 순도, 등급

등급에는 1급, 특급 등이 있는데 JIS(일본공업규격)에 의하는 것(약 400종)과 각 시약 제조사의 독자 규격에 의하는 것(카탈로그 게재 : 20,000종 정도)이 있다. 이 경우 같은 등급 명칭이어도 규격 혹은 순도가 같다고는 할 수 없다. 순도에 관한 기준으로는 공업용 시약으로 여겨지는 것이 95% 이하, 1급 시약은 95% 전후, 특급 시약은 95% 이상이 된다. 다만, 산 등에서는 그 농도가 36%(염산)나 60%(질산)여도 특급, 1급 등이 있다. 따라서, 등급이 높은 시약은 순도가 높다기보다도 불순물 농도가 낮다고 생각하는 편이 좋다.

용도별이란 원자흡광용, 액체 크로마토그래프용 등 각 분석목적에 따라 조제된 것으로 특정의 원소나 물질의 농도를 특히 낮게 한 것이다. 예를 들면, 염화스트론튬의 원자흡광 분석용이란, 칼슘이나 마그네슘의 화학간섭을 억제할 목적으로 측정 대상농도(Ca, Mg 등이 0.1μg/mL 정도)와 비교해 고농도(Sr로서 1,000μg/mL~10,000μg/mL 정도)로 사용되므로 측정 대상원소의 함유가 특히 낮아지도록 조제되고 있다.

실제의 시약 카탈로그에 게재된 등급 예를 〈표 2.1〉에 나타낸다. 정밀 분석용, 고순도 시약 등은 타사에서도 같은 명칭이 있지만, 각사의 기준·규격에 따르는 것을 인식해 둘 필요가 있다.

〈표 2.1〉 시약의 등급(품위) 예(와코(和光) 순약시약 카탈로그 제34판으로부터)

정밀 분석용(와코 규격 Super Special Grade 합격품)	S.S.G.
고순도 시약(와코 규격 High Special Grade 합격품)	H.S.
JIS 시약 특급(공업 표준화에 근거한 JIS 마크 표시 허가 품목)	
JIS 시약 일급(공업 표준화에 근거한 JIS 마크 표시 허가 품목)	
시약 특급(JIS 수재 품목으로 시약 특급의 시험 항목에 합격한 것)	S
시약 1급(JIS 수재 품목으로 시약 특급의 시험 항목에 합격한 것)	1
와코 특급(와코 규격 특급 합격품)	
와코 1급(와코 규격 일급 합격품)	①
화학용(와코 규격 Practical Grade 합격품)	Pr.G.
와코 규격(와코 규격 합격정)	(없음)
용량 분석용 표준물질 (Reference material for Volumetric Analysis)	용량 분석용 표준물질
인피니티 퓨어(고순도 시약)	∞ Pure

2-4 시약의 명칭

시약 카탈로그에는 정식 명칭으로 게재되는 것이 기본이다. 따라서, 시약을 검색하는 경우 정식 명칭을 기억해 두거나 화학식을 보고 정식 명칭을 알 수 있게끔 해야 한다. 정식 명칭이란 IUPAC 명명법에 따르는 것으로 기본적인 명명법을 파악해 두는 것이 필요하다. 특히, 유기물에는 같은 분자식에서도 많은 화합물이 있으므로 정식 명칭에 의한 검색이 유효하다. IUPAC란 'International Union of Pure and Applied Chemistry International'의 약칭으로 '국제순수·응용화학연합'으로 번역된다

유기물의 경우, IUPAC 명명법의 기본은 탄소 골격에 차례로 번호를 붙이고 어느 번호에 어떤 관능기(수산기, 케톤기, 카르본산기 등)가 부가되어 있는지, 어디에 이중 결합이 있는지 등을 나타낸다. 예로서, 4-메틸-2-펜탄온을 든다(그림 2.1). 이것은 메틸이소부틸케톤 또는 MIBK라고도 불리는 것이다. 가장 긴 골격이 5이므로 펜탄, 4번째 탄소에 메틸기가 붙고 2번째의 탄소에 케톤기가 붙어 있으므로 4-메틸-2-펜탄온이 된다. 이와 같이 기본 룰을 알고 있으면 반대로 IUPAC명으로 기재되어 있는 물질은 구조식을 쓸 수 있게 된다. IUPAC 명명법의 자세한 것은 다른 책 등을 참고로 하기 바란다.

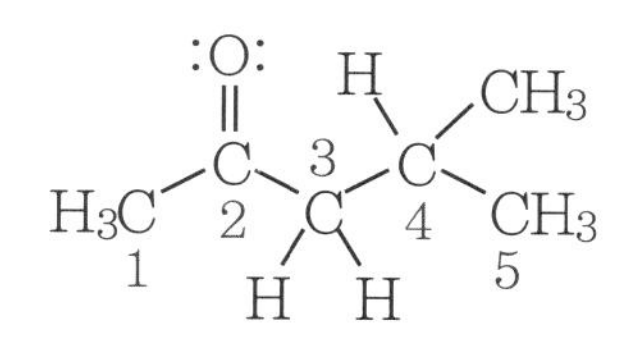

〈그림 2.1〉 4-메틸-2펜탄온의 구조

시약 카탈로그는 일본 제조사의 것에서도 영어 명칭으로 알파벳 순서로 기재되어 있는 경우가 많다. 따라서 시약의 영어 명칭을 알아 두면 편리하다. 영어 명칭에서는 그 시약에 포함되는 금속원소가 최초로 표시되므로 금속원소를 중심으로 시약을 검색하는 경우는 효율적이다.

예를 들면, 일본어의 염화나트륨, 질산나트륨은 영어에서는 sodium chloride, sodium nitrate가 되어 나트륨을 포함한 시약을 찾기 쉬워진다. 한편 염화물을 중심으로 검색하고 싶은 경우는 일본어로 검색하는 것이 편리하다. 일본 제조사의 시약 카탈로그에는 일본어 색인이 있으므로 효율적인 검색이 가능하다.

또한, 오래전부터 널리 이용되고 있는 시약에서는 정식 명칭 이외(관용명)에도 게재되어 있는 경우가 있다. 앞의 4-메틸-2-펜탄온이나 관용명인 메틸이소부틸케톤으로도 게재되어 있는 경우가 많다. 그러나, 목적의 시약이 카탈로그에서 발견되지 않는 경우는 정식 명칭인지를 확인하는 것이 필요하다.

무기시약에서는 통상 사용되고 있는 명칭이 그대로 통용되는 경우가 대부분이지만 주의를 필요로 하는 것도 있다. 예를 들면, HCl은 염산이지만 HF는 불화수소산이 올바르고 불산은 오용이다. HBr도 브롬화수소산이라고 불러야 하는 것이다. 단지 '옥살산'이라고 발음하면 유기산의 '수산(oxalic acid)'이 되어 버린다. NaOH는 수산화나트륨이 통상 사용되지만 공업계에서는 가성소다로 사용되는 경우도 있다. 이와 같이 각 업계나 분야에서 독자적으로 사용되고 있는 명칭도 있어 소속 업계가 다르면 통용되지 않는 경우가 있으므로 주의한다. 그 밖에, 유안(공업, 농업분야에서 사용되는 황산암모늄), 토양분석이나 비료관계로 사용되는 석회(산화칼슘), 마그네시아(산화마그네슘), 칼리(산화칼륨) 등이 있다.

오해하기 쉬운 시약으로서 초산에 대해 설명한다. 초산에는 빙초산으로 불리는 것이 있다. 이것은 순도가 높은 초산이다. 온도가 낮은 곳에 두면 순도가 낮은 것에 비해 고체로 되기 쉽기 때문에 이 명칭이 사용된다. 또한, 무수 초산도 있는데 이것은 초산의 분자 2개가 탈수 축합한 것으로 초산과는 별개의 것이므로 주의를 필요로 한다.

시약명 뒤에 수화물이 붙어 있는 것이 있다. 이 수화물이란 분자 또는 이온에 물분자가 결합한 것이다. 예를 들면 황산구리(Ⅱ)($CuSO_4$)는 백색의 분말이지만, 이것에 구리 1분자당 물분자가 5개 결합한 황산구리(Ⅱ) 5수화물($CuSO_4 \cdot 5H_2O$)은 청색의 결정이다. 그대로는 물리적 성질 등은 다르지만 물에 용해한 수용액은 같은 것이 된다. 다만, 분자량이 다르므로 농도를 계산할 때는 주의가 필요하고, 같은 질량을 같은 수량에 용해하더라도 황산구리로서의 농도는 다르다. 황산구리(Ⅱ)의 분자량은 159.62, 황산구리(Ⅱ) 5수화물의 분자량은 247.92이므로 같은 액량의 같은 농도의 황산구리 용액을 조제하려면 황산구리(Ⅱ) 5수화물의 경우, 무수의 황산구리(Ⅱ)의 약 1.553배 (247.92/159.62)를 채취할 필요가 있다.

2-5 화학식, 구조식, 분자량

화학식에는 조성식, 분자식, 이온식, 시성식, 구조식 등이 있다(그림 2.2).

조성식	CH_2
분자식	C_4H_8
시성식	$H_2C{=}CHCH_2CH_3$

구조식

```
H       H   H
|       |   |
C = C - C - C - H
|   |   |   |
H   H   H   H
```

〈그림 2.2〉 화학식의 각종 표시 방식

조성식은 분자에 포함되는 원소와 그 비율을 나타내고 있다. 간소하지만 하나의 조성식이 복수의 분자를 나타내는 경우가 있다

분자식은 분자에 포함되는 원소와 그 수를 나타내고 있다.

시성식은 주로 유기 화합물의 표시에 이용된다. 분자에 포함되는 관능기의 종류와

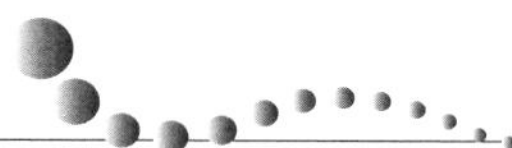

수와 결합의 순서가 나타나 있다. 다음의 구조식을 간략화한 것이라고도 할 수 있다.

구조식은 결합상태도 나타내고 있다.

통상, 식별 등에는 무기물의 경우 분자식으로 충분하지만 유기물에서는 시성식이나 구조식으로 나타내지 않으면 다른 물질과 혼동해 버리는 일이 있다.

분자량이란 분자 1 몰(mol)당 질량으로 구성원소의 각 원자량×각 구성 개수의 합계가 된다. 각 원소의 원자량은 주기율표 등에서 알 수 있다. 1몰의 정의는 0.012킬로그램의 탄소 12 중에 존재하는 원자의 수와 동일한 수의 요소 입자 또는 요소 입자의 집합체(조성이 명확하게 된 것에 한정한다)로 구성된 계의 물질량이 된다. 여기서, 원자의 수란 약 6.02×10^{23}개(아보가드로수)가 된다. 또한, 분자인 것이 아님에도 불구하고(원소 단체, 화합물 등), 몰 질량[g/mol]이 사용되는 경우도 있다.

2-6 시약의 용기

시약은 안전성이나 안정성을 고려해 적절한 재질이나 형태의 용기에 넣어져 있다. 오염이나 손상을 막기 위해 이중으로 보관(유리용기를 하나 더 별도의 수지제 용기에 보관 등)하는 경우도 있다. 보통은 그 용기 그대로 사용하고 사용 시 이외에는 마개를 확실히 해 두되, 다른 용기에 나누어 넣는 경우 그 재질이나 밀폐성을 고려해 용기를 선택하고 용기에 시약명을 명시해 두는 것이 필요하다.

또한, 앰플에 넣어져 있는 시약은 밀폐성이 특히 요구되는 것이므로 개봉 후에는 신속하게 다 사용하는 것이 요구된다. 개봉할 때는 앰플 커터를 이용하고 개봉 후에는 단면에 조심해야 한다.

2-7 위험한 물질, 유해한 물질

시약에는 위험한 물질, 유해한 물질이 있어 몇 개의 법률로 규정, 규제되고 있다. 유해한 물질은 위험한 물질에 포함되게 되지만 위험한 물질로서는 인화성, 발화성, 폭발성을 가지는 것 등이 있다. 또, 방사선을 내는 것도 포함된다. 유해한 물질에는 독물, 극물, 특화물 등 인체에 들어오거나 접촉하거나 했을 경우에 문제가 되는 것과 환경을 오염시키는 것이 있다.

2.7.1 극물·독물에 대해

독물과 극물에서는 독물 쪽이 위험성이 높다. 즉, 보다 소량으로 피해가 커진다. 이들은 「독물 및 극물 단속법」에 의해 규정, 규제되어 있다. 특화물은 노동안전위생법에 따라서 평상시의 작업 등에서 폭로될 가능성이 높은 것이 중심이 된다.

독물이란 「독물 및 극물 단속법」에 잘못 마신 경우의 치사량이 2g 정도 이하(어른 체중 50kg 환산)인 것으로 정의되어 있다. 법의 별표로 27품목, 독물 및 극물 지정령으로 84품목이 정해져 있다.

극물이란 「독물 및 극물 단속법」에서 잘못 마신 경우의 치사량이 2~20g 정도(어른 체중 50kg 환산)인 것, 혹은 자극성이 현저하고 큰 것으로 정의되어 있다. 법의 별표로 93품목, 독물 및 극물 지정령에서 281품목을 정하고 있다.

특화물(특정화학물질)이란 「노동 안전 위생법」의 시행령으로 정해진 것으로 미량의 폭로로 암 등의 만성·지발성 장애를 일으키는 물질(제1류 물질, 제2류 물질), 대량 누설에 의해 급성 장애를 일으키는 물질(제3류 물질, 제2류 물질 중 특정 제2류 물질)이 있다. 또한, 인체에 대한 영향은 입으로부터 들어가거나(경구), 접촉하는(경피) 등 같은 물질이라도 그 경로에 따라 다르므로 맹독물의 판정 기준은 〈표 2.2〉에 나타낸 바와 같다. 또한, 독물의 표시는 적색을 베이스로 '독물'이란 문자를 흰색으로, 극물은 백색 베이스에 적색 문자로 표시하도록 되어 있다. 〈표 2.2〉 중에 있는 LD_{50}이란 이 양을 섭취하면 그 절반이 죽음에 이르는 것을 나타내는 양으로 동물실험 등으로 구해져 있다. 값이 작을수록 적은 양의 섭취로도 죽음에 이른다는 것을 나타내므로 독성이 높다.

2.7.2 GHS에 대해

GHS란 'Globally Harmonized System of Classification and Labeling of Chemicals'의 약칭으로 일본어로는 '화학품의 분류 및 표시에 관한 세계 조화 시스템'이 된다. 〈그림 2.3〉에 나타내듯이 화학품을 위험 유해성의 종류와 정도에 따라 분류해 그 정보를 한눈에 알 수 있도록 세계적으로 통일된 규칙에 따라 라벨로 표시하거나 안전 데이터 시트를 제공하는 시스템이며, 이 표시는 일본의 시약 카탈로그, 시약 라벨, MSDS 등에 기재되어 있다.

〈표 2.2〉 독극물 판정 기준

경로	독물	극물
경구	$LD_{50} \leqq 50mg/kg$	$50mg/kg < LD_{50} \leqq 300mg/kg$
경피	$LD_{50} \leqq 200mg/kg$	$200mg/kg < LD_{50} \leqq 1,000mg/kg$
흡입(가스)	$LD_{50} \leqq 500ppm(4hr)$	$500ppm(4hr) < LD_{50} \leqq 2,500ppm(4hr)$
흡입(증기)	$LD_{50} \leqq 2.0mg/L(4hr)$	$2.0mg/L < LD_{50} \leqq 10mg/L(4hr)$
흡입(더스트, 미스트)	$LD_{50} \leqq 0.5mg/L(4hr)$	$0.5mg/L(4hr) < LD_{50} \leqq 1.0mg/L(4hr)$
피부·점막 자극성		황산, 수산화나트륨, 페놀 등과 동등의 자극성을 가진다

	[해골] 급성독성(독성 높음)		[폭탄의 폭발] 화약류, 사고반응성 화학품, 유기과산화물
	[느낌표] 급성독성(저독성)		[불꽃] 가연성가스, 인화성 등
	[건강유해성] 호흡기감작성, 생식세포 변이원성, 발암성 등		[둥그렇게 큰 불꽃] 지연성, 산화성 가스류
	[부식성] 금속부식성 물질, 피부부식성, 자극성, 눈에 대하여 위독한 손상·자극성		[가스 봄베] 고압가스
	[환경] 수성 환경 유해성		

〈그림 2.3〉 GHS 마크

이 마크는 세계 공통으로 언어에 관계없이 위험성을 알 수 있다. 다만, GHS에서는 급성독성에 대해서는 구분이 5개 있지만, 마크는 4개(마크 없음도 포함한다)이므로 일부 문자로 표시되는 것도 있다(그림 2.4), 자세한 것은 아래 〈그림 2.4〉의 구분 1에서 3까지 마크는 같다. 구분 1과 2가 독에, 구분 3이 극물에 해당한다.

구분 1 : $LD_{50} \leqq$ 5mg/kg
구분 2 : 5mg/kg $< LD_{50} \leqq$ 50mg/kg
구분 3 : 50mg/kg $< LD_{50} \leqq$ 300mg/kg
구분 4 : 300mg/kg $< LD_{50} \leqq$ 2,000mg/kg
구분 5 : 2000mg/kg $< LD_{50} \leqq$ 5,000mg/kg
구분 5는 마크 없음

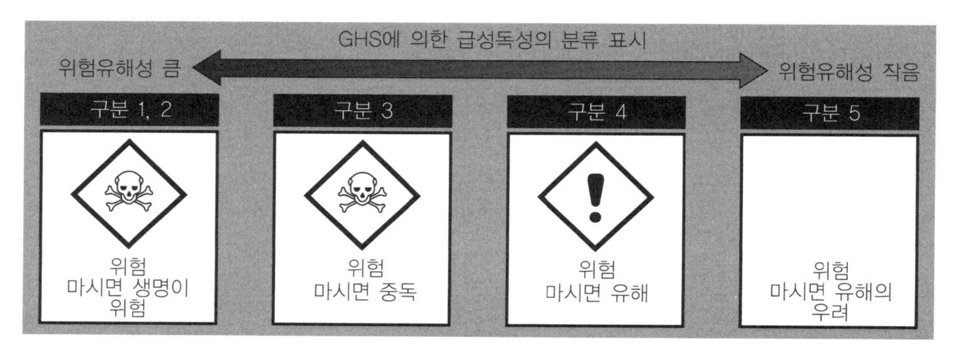

〈그림 2.4〉 GHS에 의한 급성독성의 분류 표시

2-8 시약 카탈로그 및 라벨에 대해

2.8.1 시약 카탈로그

시약을 주문할 경우에 사용하는 시약 카탈로그에는 그 품명뿐만 아니라 많은 정보가 기재되어 있다. 〈그림 2.5〉에 나타낸 시약 카탈로그의 염산 페이지의 경우, 하나의 명칭에서도 등급, 농도, 용도 등에 따라 매우 많은 종류가 있다. 또, 일본어-영어로 된 제품명 외에 위험성을 나타내는 심볼 마크, 관련된 법규, 분자식, 분자량 등 많은 정보가 기재되어 있으므로 단지 구입하는 시약을 조사할 뿐만 아니라 시약의 정보를 얻기에도 유효하다. 다만, 표시는 약호나 심볼로 나타내고 있는 것도 많기 때문에 카탈로그의 설명 페이지를 잘 읽어 파악해 둘 필요가 있다(표 2.3 및 그림 2.6).

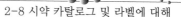

|---|---|---|---|
Hydrobromic Acid 브롬화수소산 ······ 47~49% (Ti) [K8509] JIS S	25g	1,350	084-01042
극 노57-2 HBr=80.91[10035-10-6] UN1788 P abt.1.48g/mL			
······ 47~49% (Ti) [K8509] JIS S	500g	1,750	088-01045
······ 47÷% (Ti) ①	500g	1,650	085-01055
Hydrochloric Acid 염산 ······ 35~37% S.S.G.	500ml	1,430	083-03435
노-특3 노 57-2 수출-별2 HCl=36.47 [7647-01-0] UN1789			
······ 20~21% (정비점, 무철) S.S.G.	500ml	1,430	088-01805
······ 35~37% [K8180] JIS S	500ml	760	080-01066
······ 35~37% [K8180] JIS S	4kg	3,300	080-01061
······ 35~37% [K8180] S	23kg		088-01067
······ 35~37% ①	500ml	700	087-01067
······ 35~37% ①	4kg	3,100	087-01076
······ 35~37% ①	23kg		085-01077
······ 35~37% for A.A. Auto, Anal. 아미노산 자동분석용	500ml	1,300	086-03925
······ 35~37% [K8180] for AS det. JIS 비소분석용	500ml	950	084-01086
······ 35~37% for Boron det. 붕소 정량용	100ml	3,200	083-05191
······ 35~37% for Boron det. 붕소 정량용	500ml	3,500	085-05195
······ 35~37% for Anal. of Poisonous Metal 유해금속 측정용	500ml	2,200	081-03475

〈그림 2.5〉 시약 카탈로그의 '염산' 페이지 보기
(와코(和光)순약 시약 카탈로그 제34판에서)

〈표 2.3〉 카탈로그의 기재사항 예(와코(和光)순약 시약 카탈로그 제34판에서)

1. 제품 코드	9. 희망 납입 가격	17. 분자량	25. 용도별 규격
2. 영어명	10. 위험성을 가리키는 심볼 마크	18. CAS Registry Number	26. 용도별 규격 (영어 규격 약호)
3. 일본어명	11. 독물, 위험물 구분 및 위험 등급	19. 유엔번호	27. 화학 병기 금지 및 특정물질의 규제 등에 관하는 법 구분
4. 순도	12. 소방법, 위험물 구분 및 위험 등급	20. 밀도(ρ) 또는 비중 (Sp.Gr.)	28. 수출 무역 관리 예의 구분
5. JIS 번호	13. 노동 안전 위생구분	21. 화학물질의 심사 및 제조 등의 규칙에 관한 법 구분	29. 취급상 특히 주의가 필요한 품목약호
6. JIS 마크 표시 허가품	14. 노동 안전 위생구분	22. 보존방법	30. 제조사 약호
7. 규격 약호	15. 화학물질관리 촉진법(PRTR법)	23. 융점	31. 제조사 코드 번호
8. 포장 용량	16. 분자식	24. 구입에서의 주의사항	

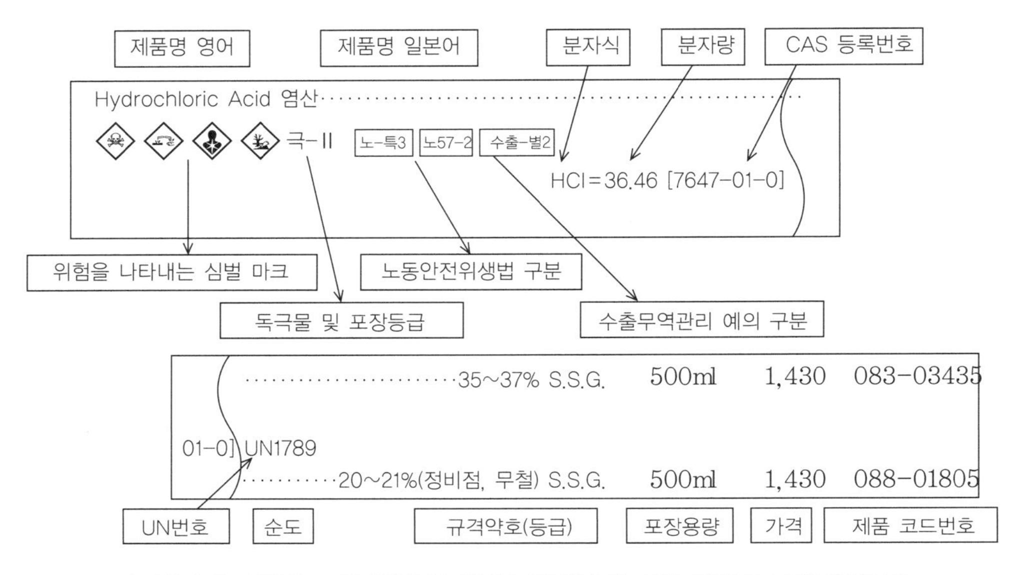

〈그림 2.6〉 카탈로그 기재내용의 예(와코(和光)순약 시약 카탈로그 제34판에서)

시약 카탈로그에는 CAS 등록번호나 유엔번호(UN)가 기재되어 있다. CAS No.란 Chemical Abstracts Service Number의 약칭으로 미국화학회(American Chemical Society)가 발행하고 있는 'Chemical Abstracts'에서 사용하는 화합물 번호이다. 새로운 화합물이 수시로 등록되고 있다. CAS의 홈페이지를 보면 그 수가 시시각각 증가하는 것을 실감할 수 있다. 세상에 있는 화합물의 대부분이 이 번호에 수록되므로 이 번호를 알면 어떤 화학물질인가를 알 수 있으므로 화학물질을 특정하는 식별번호(ID)의 사실상 표준이 되어 있다

유엔번호란 United Nations Number, 약칭은 UN No.로서 유엔 경제사회 이사회에 설치된 위험물 수송 전문가 위원회의 국제연합 위험물 수송 권고 중에서 수송상의 위험성이나 유해성이 있는 화학물질에 부여된 번호이다.

2.8.2 시약 라벨에 대해

시약의 라벨에도 시약 카탈로그와 같이 많은 정보가 기재되어 있다(그림 2.7).

보통 보증기한, 보존방법 등을 확인해 위험 심벌로 위험성을 파악한다. 로트 번호는 평소 크게 신경 쓰지 않을 것으로 생각되지만 로트 번호마다 미량 불순물의 종류나 양

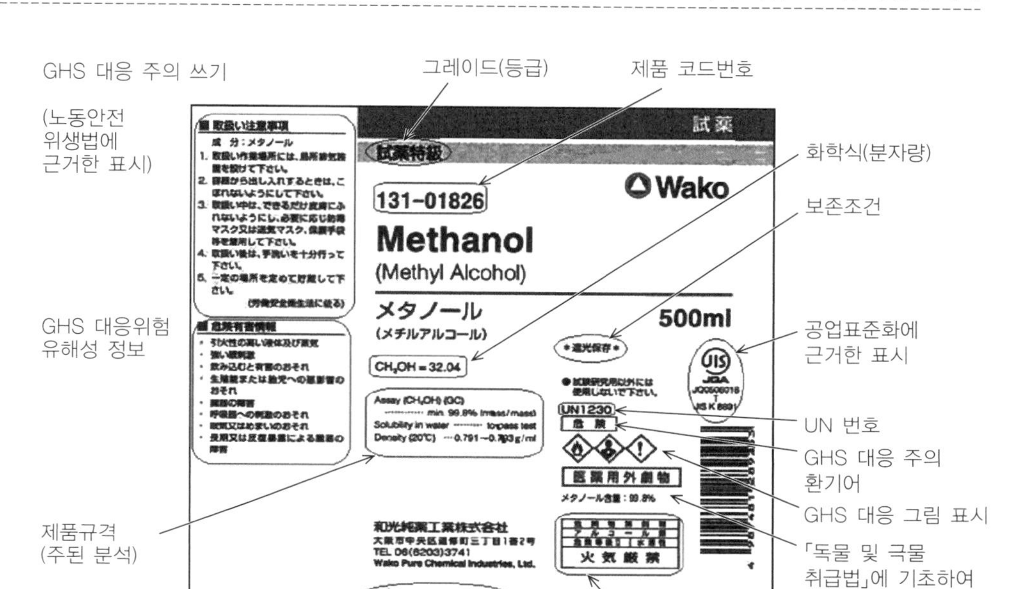

〈그림 2.7〉 시약 라벨의 기재사항(2010 와코(和光)순약 시약 카탈로그로부터)

이 다른 일이 있어 이것들이 분석에 영향을 주는 경우가 있으므로 파악 혹은 기록해 두는 것이 바람직하다.

또, 구입자나 구입일, 개봉일을 라벨이나 용기에 직접 기입해 두면 특히 복수의 사람이 사용하는 경우, 시약의 관리에 유효하다.

2.8.3 시약 카탈로그, 라벨에 보여지는 기호에 대해

시약 카탈로그나 라벨에는 시약의 끓는점, 녹는점 등 기본적인 물리 화학적인 성질이 기재되어 있는 경우가 많지만, 보통은 약칭으로 표시되어 있는 경우가 많기 때문에 아래에 정리해 둔다 .

- bp… 끓는점 (boiling point)
- mp…녹는점(melting point)
- Sp.Gr…비중(specific gravity)

• ρ(로)…밀도(density)

밀도란 체적당의 질량(g/cm^3)으로 비중은 기준이 되는 물질의 밀도를 1로 했을 때 그 물질이 몇 배가 되는지를 비로 구한 것이라고 정의된다. 액체에서는 4℃의 물(약 1.0g/cm^3)이 기준 1이 되어, 밀도와 거의 같게 된다(유효 자릿수에 의한다). 기체에서는 같은 온도·압력의 공기가 기준 1이 된다.

2.8.4 순도 표시에 대해

순도를 나타내는 95% 등의 뒤에는 (Ti), (Wt) 등이 기재되어 있다. 이것은 어떤 방법으로 순도를 측정했는지를 나타내고 있다. 예를 〈표 2.4〉에 나타낸다.

〈표 2.4〉 순도 표시에 이용되는 약호 예(와코(和光)순약 시약 카탈로그 제34판으로부터)

약호	방법	약호	방법
Ti	용량 분석법(titration)	HPLC	고속 액체 크로마토그래프법
Wt	중량법	ABS	흡광광도법
GC	가스 크로마토그래프법	C·H·N	원소 분석법
cGC	캐필러리 가스 크로마토그래프법		

2-9 농도 표시에 대해

순도, 농도는 %로 표시되는 경우가 많지만 mol/L도 사용된다. mol에 대해서는 〈2-5 화학식, 구조식, 분자량〉에서 기재했는데, mol/L란 1mol의 물질이 1L의 용액에 녹아 있는 것을 나타낸다. 따라서, 황산구리 1mol/L의 용액을 조제하는 경우 황산구리(Ⅱ) (무수)를 이용하는 경우, 그 분자량인 159.62g을 황산구리(Ⅱ) 5수화물을 이용하는 경우는 같은 247.92g을 각각 순수에 용해해 1L로 하는 것에 의해 얻을 수 있다(〈2-4 시약의 명칭〉의 수화물을 참조). 반대로, 어느 순수물질의 농도가 10%(w/v)*로 표시되어 있는 경우, 용액 1L라면 100g이 용해하고 있으므로 이것을 각각의 분자량으로 나누면 mol/L로 환산할 수 있다.

산의 경우도 시약 카탈로그에서는 농도가 %로 표시되고 있다. 이것을 mol/L로 환산

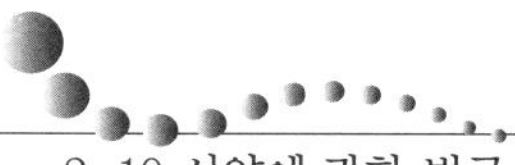

하려면 분자량과 밀도 정보가 필요하다.

염산 36%(w/w)*의 경우 분자량은 36.46g/mol, 밀도는 1.18g/cm^3(20℃)이므로, 1L(1,000cm^3)에 포함되는 염산의 질량은 밀도×농도(%)로부터 1.18g/cm^3×1,000 cm^3×0.36=424.8g이 된다. 이것을 분자량으로 나누어 424.8g÷36.46g/mol= 11.65mol을 얻을 수 있다. 따라서 시판하는 진한 염산은 약 12mol/L가 된다.

마찬가지로 질산 69%(w/w)*는 분자량 : 63.01g/mol, 밀도 : 1.42g/cm^3, (20℃)에서 1L(1,000cm^3)에 포함되는 염산의 질량은, 밀도×농도(%)로부터 1.42g/cm^3× 1,000cm^3×0.69=979.8g이 된다. 이것을 분자량으로 나누어 979.8g÷ 63.01g/mol=15.55mol이 되고, 시판하는 진한 질산은 약 16mol/L이 된다.

2-10 시약에 관한 법규

시약에는 많은 관련된 법규가 있어(표 2.5) 보존법, 취급법 등을 준수할 필요가 있다.

〈표 2.5〉에도 있는 「화학물질 관리 촉진법」(PRTR법) 혹은 제도는 유해성이 의심되는 화학물질이 어디에서 어느 정도 환경(대기·수역·토양 등)으로 배출되고 있는지(배출량), 폐기물로서 이동하고 있는지(이동량)를 파악해, 집계·공표하는 구조를 구축하는 것을 목표로 한 것으로, 환경오염 등을 막는 것이 최종의 목적이라고 할 수 있다. PRTR이란 Pollutant Release and Transfer Register의 약어로 '화학물질 배출 이동량 신고제도' 혹은 '환경오염물질 배출 이동 등록제도' 등으로 번역되고 있다. 일본의 PRTR에서는 정부령으로 지정된 물질(354종류)을 연간 1톤(발암성이 있는 12물질에 대해서는 0.5톤) 이상 취급하는 사업소에서 업종이나 종업원 수 등의 요건에 합치하는 것에 대해서 그 사업소를 소유한 사업자는 지정하는 물질의 배출량·이동량을 신고하는 것이 의무화되어 있다. 따라서, 통상의 시약 레벨의 취급량에서는 직접 해당하는 것은 적다고 생각되지만 큰 사업소의 여기저기 부서에서 특정의 시약을 정상적으로 사용하고 있는 경우는 고려가 필요하다(500g의 시약병 1,000개로 0.5톤이 된다).

* SI에서의 최근의 표시방법에서는 관례적으로 사용되고 있는 %(w/v), %(w/w). %(v/v)의 표시는 인정되지 않았다(p.16 참조).

〈표 2.5〉 시약에 관한 법률

• 독물 및 극물 단속법
  – 특정 독물, 독물 극물
  – 독물 및 극물의 운반 용기에 관한 기준
• 약사법
  – 체외 진단용 의약품 또는 의약품 독약, 극약
• 마약 및 향정신약 단속법
  – 향정신약, 특정 마약 향정신약 원료
• 소방법 위험물 구분
  – 위험물 제1류~제6류
  – 제4류–특수 인화물, 알코올류, 제1~4석유류, 동식물 유류
  – 운반용기의 기술상의 기준에 의한 위험 등급
• 화학물질관리촉진법(PRTR법)
  – PRTR법 제1종 지정화학물질(402물질)
  – 그중 특정 제1종 지정화학물질(15물질)
  – PRTR법 제2종 지정화학물질(100물질)
• 화학물질의 심사 및 제조 등의 규제에 관한 법률(화심법)
  – 화심법 제1종 특정화학물질 화심법 제2종 특정화학물질
• 노동안전위생법
  – 노동안전위생법 유기용제 중독 예방 규칙 제1~3종 해당 품목
  – 노동안전위생법 특정화학물질 등 장해예방 규칙 제1~3류 해당 품목
  – 노동안전위생법 중, 노동대신이 지정하는 납 화합물
  – 노동안전위생법 제57조의 2 '명칭 등을 통지해야 할 유해물질'에 해당하는 품목

2-11 시약 구입의 주의점

시약을 구입하는 경우 동일한 것이라도 순도(등급), 형상, 포장량 등 몇 개의 종류가 있는 것이 많기 때문에, 사용의 목적을 명확하게 파악해 선택하는 것이 일을 진행시키는데도, 환경보호의 면에서도, 또 경제적인 면에서도 중요하다. 순도에 대해서는 그것이 높은 편이 좋다고 생각되지만 가격이 비싸진다. 등급 외에 용도별 시약도 있으므로 경제적인 면도 고려해 결정한다. 고체시료에서는 같은 시약이라도 분말·과립·결정 등을 선택할 수 있는 것이 있다. 이것도 사용목적에 따라 선택한다. 또, 한 번의 구입량에서는 큰 용기 쪽이 단가가 낮으므로(100g의 것보다 500g 쪽이 1g당 단가는 저렴) 다량으로 구입하는 쪽이 경제적이라고 생각하기 쉽다. 그러나, 보증기간이 짧은 것은 남아 있어도 사용할 수 없거나 또는 보증기간이 길어도 나머지는 사용하지 않고 결국 버리

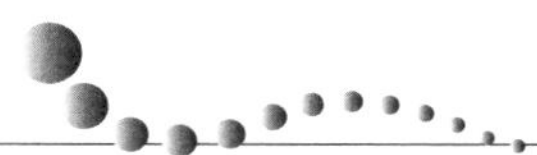

게 되는 경우도 있다. 그렇게 되면 그 처리에 경비가 드는 경우도 있으므로 불필요하게 다량의 시약은 구입하지 않도록 유의한다.

구입 후에는 안전성을 확인한 뒤 적절히 보관하고 구입일·개봉일 등을 기록해 둔다.

2-12 시약 취급방법의 기본

시약을 취급하는 경우는 항상 안전에 유의하는 것이 기본이다. 시약을 취급하는 장소의 환경, 취급하는 사람의 안전대책, 시약의 성질 파악이 중요하므로 아래에 형상별로 주의점을 설명한다.

2.12.1 고체 시약의 칭량

정확한 양의 칭량이 필요한 경우는 시약이 충분히 건조되어 있어야 한다. 우선, 대상 시약을 120℃ 정도의 건조기에 수 시간 넣어 건조해, 데시케이터(습도를 포함하지 않은 밀폐 용기)에서 방랭 후 정밀 칭량한다. 건조가 충분한지를 확인하려면 건조·방랭·칭량을 반복적으로 실시해 칭량값이 일정하도록 한다. 이와 같이 해 일정하게 된 것을 항량(恒量)에 이르렀다고 한다.

시약이 결정상 혹은 굳어버린 경우는 미리 유발과 유봉 등을 사용해 분쇄하고, 건조하면 칭량의 조정이 쉽고 이후의 반응 등을 순조롭게 실시할 수 있다. 다만, 분쇄에 사용하는 기구의 재질이 오염의 원인이 되지 않는가 확인하는 일도 필요하다. 칭량에 사용하는 스패튤라, 약숟가락의 재질 선택도 오염의 원인이 되지 않는가를 생각하여 실시한다. 예를 들면 금속원소를 측정하는 경우는 재질로서 수지제를 사용하고, 유기물을 측정하는 경우는 금속제를 이용하는 등이다.

2.12.2 액체 시약의 채취

액체 시약을 채취해 다른 용기로 옮기는 경우에는 액체가 누설되지 않도록 주의한다. 피펫, 분주기 등 적절한 기구를 사용하면 액체 누설 문제는 작아지지만, 이러한 기구에 의한 오염에 주의가 필요하다. 충분히 세정한 후 사용하고 피펫으로 채취하는 경우는 시약병에 직접 피펫을 넣지 말고 다른 용기에 일부를 옮겨 채취함으로써 원래 시약병의 오염 리스크를 낮추는 것에 유의한다.

시약 용기로부터 직접 다른 용기로 옮기는 경우는 시약 라벨이 용기를 쥔 손바닥 안에 있도록 용기를 잡는다. 액체가 누설되어도 라벨이 오염되지 않게 하기 위함이다.

채취 기구(체적계)는 그 종류(전량 피펫, 메스 피펫, 메스실린더, 피스톤식 피펫(이른바 피펫터) 등)에 따라 정밀도가 다르므로 분석에 요구되는 정밀도나 목적에 따라 선택한다.

2.12.3 용해, 희석에 대해

고체를 용해하는 경우, 순서가 중요한 경우가 있다. 고체에 용매를 더하는 편이 고체를 정확하게 칭량할 수 있지만, 용매에 서서히 고체를 더하는 편이 용해가 순조로운 경우가 있다.

또, 용해 시에 반응(발열·흡열·화학 등)을 일으키는 일도 있으므로 주의가 필요하다. 잘 모르는 물질은 우선 소량으로 확인한다.

물과 에탄올 등 다른 용매끼리 혼합(희석)하는 경우, 각각의 채취량(체적) 합계가 혼합 후의 체적이 되지 않는 경우가 있다. 이것은 각 분자의 크기가 달라 작은 분자가 큰 분자의 틈새에 들어가 버리기 때문이다. 예를 들면 두 종류의 크기(반지름)가 다른 입자상의 물건(쌀과 콩, 농구공과 탁구공 등)을 떠올리면 이해하기 쉬울 것이다. 따라서 희석 배율이 질량을 바탕으로 계산되는지, 체적에 의한 것인지를 확인해 두는 것이 필요한 경우가 있다.

고체끼리 혼합하는 경우도 균일하게 되도록 충분히 혼합한다. 갈아서 으깰 수 있는 것은 가능한 한 잘게 해 두는 것이 바람직하다.

2-13 시약의 보관방법

시약의 보관은 품질의 보관 유지와 안전의 면에서 양쪽 모두를 고려할 필요가 있다.

2.13.1 보관의 환경

품질의 유지 면에서는 확실히 마개를 막고 각 시약에 대응한 보관환경(온도, 습도, 밝음 등)에서 보존한다.

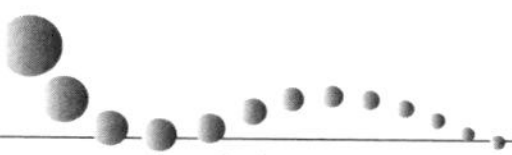

안전 면에서는 혼합하거나 접촉하면 폭발을 일으키거나 유해 가스를 발생하는 것은 만일을 생각해 시약 선반을 따로 두는 등 분리 보관하는 것이 필요하다. 조합에 따라서는 시약의 증기 접촉만으로도 위험한 상태가 되거나 미스트를 발생하는 것도 있으므로 주의한다.

시약 선반이나 보관고가 설치된 방의 환기를 확보하는 것은 작업자의 안전은 물론 같은 공간에 있는 기기의 보전을 위해서도 중요하다.

2.13.2 독극물의 보관

독극물은 〈2.7.1 극물·독물에 대해서〉에서도 설명했지만, 양에 관계없이 다른 물건과는 분리하여 잠금장치가 가능하고 튼튼한 시약 선반 등에 보관해야 한다. 또, 보관고에는 법령에 따른 표시를 하는 것이 필요하다. 냉장이 필요한 독극물의 경우는 잠금장치가 가능한 냉장고에 보관하고 일반 냉장고라면 잠근 상태로 한다. 독물은 사용기록을 남기는 것도 법률에서 요구되고 있다. 여러 사람이 사용하는 경우에도 사용량을 확실히 기록할 수 있는 체제를 구축해 두는 것이 요구된다. 또한, 도난이나 분실이 있을 경우에는 신속하게 경찰에 연락해야 한다.

2.13.3 보관 시 시약 진열 방법

보관 시 시약을 진열하는 방법에 대해서 특히 정해진 것은 없다. 기본은 안전을 확보하고 사용하는 사람이 사용하기 쉽고 목적하는 시약을 바로 찾을 수 있게 한다. 크게는 유기·무기로 나눈 후에 가나다 순서나 알파벳 순서로 명칭을 적는데, 명칭에 국어명을 사용하는지 영어명을 사용하는지를 결정해 두는 것이 필요하다. 또, 무기물의 경우는 금속별로 분류하는 일도 있다.

용기의 크기를 가지런히 한 다음(대체로 100g 이하와 그 이상 등) 분류하기도 한다. 다만, 독극물은 별도 보관이 법률로 정해져 있으므로 사용하기 쉽다고 해서 독극물 이외의 물건과 같은 선반에 보존할 수 없다.

2.13.4 보관 장소에 MSDS의 설치

MSDS는 'Material Safety Data Sheet'의 약칭으로 시약을 안전하게 사용하기 위해서 필요한 정보를 중심으로 기본적인 정보 · 주의점 · 비상시의 대응 등이 기재되어 있다(표 2.6). 사용하고 있는 시약에 대해서는 한번 읽어서 개략적으로 파악해 두는 것이 필요하며, 또 언제라도 읽을 수 있도록 시약 가까이 알기 쉬운 곳에 놓아 두는 것이 필요하다.

〈표 2.6〉 MSDS의 기재사항 예

1. 제품 및 회사 정보	9. 물리적 및 화학적 성질
2. 위험 유해성의 요약	10. 안정성 및 반응성
3. 조성, 성분정보	11. 유해성 정보
4. 응급조치	12. 환경영향 정보
5. 화재 시의 조치	13. 폐기상의 주의
6. 누출 시의 조치	14. 수송상의 주의
7. 취급 및 보관상의 주의	15. 적용 법령
8. 폭로방지 및 보호조치	16. 기타 정보

2-14 맺음말

시약을 취급하는 경우는 우선 안전제일에 유의해야 하므로 사용하는 시약의 특징을 파악해 두는 것이 중요하다. 보관에 관해서도 안전을 의식해서 분류하고 사용 시 이외에는 신속하게 보관고나 시약 선반에 넣어 둔다. 아울러 효율적인 보관법과 사용법이 무엇인지 고려한다.

【참고문헌】

1) 平井昭司編著：「実務に役立つ！基本から学べる　分析化学」, ナツメ社, 2012

2) 化学同人編集部編：「第7版　実験を安全に行うために」, 化学同人, 2006

3) JIS K 8001：2009「試薬試験方法通則」

4) JIS K 8180：2006「塩酸（試薬）」

5) 和光純薬試薬カタログ："Wako CHEMICALS 34th 2006" および "Wako CHEMICALS 36th 2010"

제3장

순수의 이용과 관리

3-1 처음에

화학분석의 현장에서는 ‘물(순수)’을 계속적으로 안심하고 이용할 수 있도록 하는 것이 중요하다. 여기서는 올바른 분석결과를 얻기 위한 물의 이용과 그 관리에 대해 해설한다.

3-2 순수의 기본

JI8 K 0211 ‘분석화학 용어(기초 부문)’에 물에 관한 규정은 아래와 같다. 분석화학에서 이용되는 물에 대해 주로 그 제조방법(정제방법)의 차이에 따라 각 용어가 정의되어 있다.

- 이온교환수 : 이온교환장치를 이용해 정제한 물
- 증류수 : 증류장치를 이용해 정제한 물
- 초순수 : a) TOC 값이 매우 적고 저항률이 18MΩ·cm 이상(전기 전도율 0.056μS/cm 이하)으로 정제된 물
  b) 역삼투막, 이온교환수지(연속 이온교환체를 포함한다), 활성탄, 자외선 및 한외 여과막 등을 조합해 정제한 물로 저항률이 18MΩ·cm 이상(전기 전도율 0.056μS/cm 이하)의 물

화학분석에서 사용하는 물의 품질에 대해서는 JI8 K0557 ‘용수·폐수의 시험에 이용하는 물’에 규정되어 있다. 이 규격은 1993년에 ‘화학분석용의 물’로서 제정된 후 1998년에 공업용수시험방법(JIS K 0101), 공장폐수시험방법(JIS K 0102)에서 이용하는 물의 규격으로서 개정되었다. 용수·폐수뿐만 아니라 화학분석용의 물에 관한 규격으로서 많은 규격에 인용되고 있다.

이상과 같이 어느 쪽의 규격에도 ‘순수’는 용어로서 규정되어 있지 않지만 ‘순수한 물’ 혹은 ‘순도가 높은 물’의 의미로 ‘순수’가 일반적인 용어로서 이용되고 있으며, 이온교환수나 증류수가 여기에 해당하고 주로 이온성분을 제거한 물로서 다루어지고 있다. 또, 물의 제조방법의 관점에서 ‘순수’는 ‘초순수’를 제조하는 원수로서 이용된다.

3.2.1 순수의 제조방법

순수의 제조란 원수인 하천수·우물물·공업용수·수돗물 등에 포함되어 있는 성분(불순물)을 제거해 물을 정제하는 것이다. 원수에는 다음과 같은 성분이 포함되어 있다.

- 미립자 : 유기물·철·망간·알루미늄 등의 수산화물, 실리카 등
- 미생물 : 해초류·세균류 등
- 유기물 : 부식류·유기산·유기 할로겐 등
- 무기물 : 양이온류·음이온류·금속류·붕소·실리카 등
- 용해 가스 : 질소, 산소, 탄산 등

화학분석에서 사용되는 순수 제조장치의 원수는 보통 수돗물이다. 수돗물의 수질은 지역에 따라 다르며 계절 변동이나 기후의 영향도 있다. 순수 제조에 있어서의 정제는 원수의 수질에 영향을 받기 때문에 원수 수질의 파악은 중요하다. 일본의 수돗물 수질 분석 예를 〈그림 3.1〉에 나타낸다. 불순물 농도만이 아닌 그 구성 성분에 격차가 있고 칼슘이나 이온상 실리카는 특히 큰 차이가 있다.

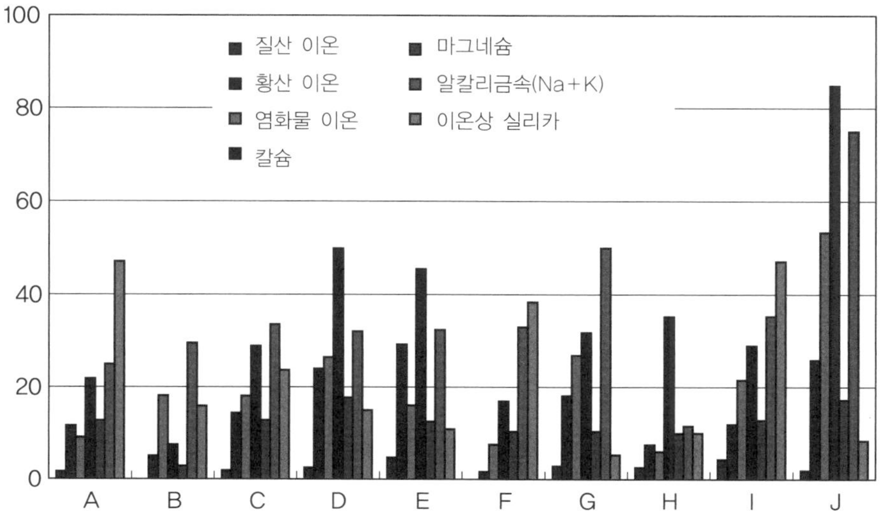

〈그림 3.1〉 일본의 수돗물 수질 분석 예

순수 제조에서는 복수의 정제기술 조합이 필요하고 처리수의 수질뿐만 아니라, 필요한 수량이나 경제성 등을 고려해 최적화를 꾀하게 된다. 순수·초순수 제조장치와 그 수질의 일례를 〈그림 3.2〉 및 〈표 3.1〉에 나타낸다. 순수 제조장치에서는 주로 이온성분의 제거가 목적이므로 정제에는 이온교환장치가 이용된다. 이온교환장치의 부하를 경감하기 위해서 전단계로 역삼투막장치(RO)가 이용된다. 증류장치는 순수장치로서 구성되지는 않지만 RO와 같이 이온교환장치의 전 단계에 이용된다. 순수를 한층 더 정제

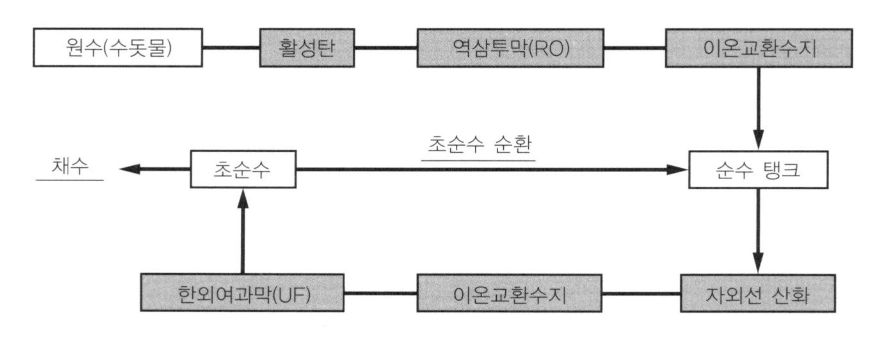

〈그림 3.2〉 순수·초순수 제조장치 예

〈표 3.1〉 초순수 제조장치 수질 측정 예

	원수(수돗물)	RO 처리수	순수	초순수
TOC	1,000	100	100	10
나트륨	19,000	1,100	1	0.003
칼륨	2,900	61	0.9	<0.001
칼슘	22,500	15	0.3	0.005
마그네슘	5,100	1.2	<0.05	0.001
철	24	0.07	<0.05	<0.001
알루미늄	20	0.07	<0.05	<0.001
구리	2	<0.05	<0.05	<0.001
아연	1	<0.05	<0.05	<0.001
염화물 이온	29,100	600	0.4	<0.01
질산 이온	10,700	1,400	<0.1	0.07
황산 이온	36,500	<100	<0.1	<0.01
이온상 실리카	20,200	540	0.4	<0.1

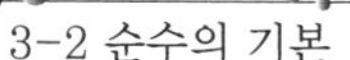

해 초순수를 얻으려면 용도에 맞추어 유기물이나 이온류를 반드시 저감해야 한다. 초순수 제조장치에서는 자외선 산화장치로 유기물을 분해하고 유기물의 분해 생성물인 탄산 이온이나 유기산을 이온교환수지로 제거한다. 이온교환수지는 잔류하고 있는 미량의 이온성분도 제거한다. 말단에 있는 한외 여과막(UF)에서는 원수나 순수 제조장치로부터 빠져 나오는 미립자 성분을 제거한다. 초순수 제조장치에서 사용되는 이온교환수지나 UF막은 고성능의 정제능력을 가질 뿐만 아니라, 불순물이 용출되지 않도록 컨디셔닝(클린화)하고 있다. 한편, 초순수장치에서는 사용되고 있는 부재로부터의 용출에 의한 오염을 피하기 위해서 순환 운전을 하고 있다.

정제기술과 대상 불순물을 〈표 3.2〉에 나타낸다. 각 정제기술(장치)의 개요는 아래와 같다

〈표 3.2〉 주요 정제기술과 대상 불순물

◎: 주요 대상 불순물

	응집여과	활성탄	이온 교환수지	RO막	UV살균 (254nm)	UV산화 (185nm)	UF막	증류법
미립자	◎	○	○	○			◎	○
생균				○	◎	○	○	○
유기물	○	◎	○	◎		◎		◎
무기 이온			◎	◎				◎
실리카	○		◎	◎				

[1] 전처리장치

응집여과나 활성탄에 의해 현탁물질이나 입자 등의 고형성분을 제거한다. 활성탄으로는 유기물을 흡착 제거한다. 화학분석의 현장에서는 보통 수돗물과 같이 이미 전처리된 물이 공급되고 있는 경우가 많다. 수돗물에 대해서는 전처리에 더해 음료수로서의 기준을 만족시키기 위해서 염소가 첨가되고 있지만, 염소는 RO장치에 사용되고 있는 막을 열화시키기 때문에 활성탄을 이용해서 제거할 필요가 있다.

[2] 이온교환장치

이온교환수지에 의해 물 중의 이온성분을 제거한다. 〈그림 3.3〉에 나타내듯이 양이온 교환수지와 음이온 교환수지를 조합해 사용된다. 이온교환장치에서는 이온교환수지의 교환기가 포화해 버리면 이온성분을 제거할 수 없기 때문에 정기적인 교환 혹은 약

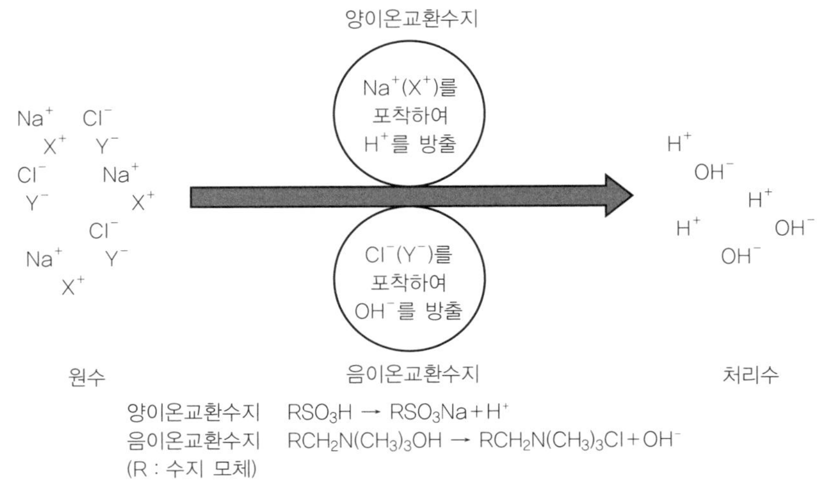

〈그림 3.3〉 이온교환수지에 의한 이온성분 제거

품(산·알칼리)에 의한 재생이 필요하다.

[3] 전기재생식 이온교환장치(EDI : Electro DeIonization)

EDI는 이온교환수지에서 필요한 재생을 전기적으로 연속해 실시하는 것이 가능하고 재생용의 약품이 불필요하다. 〈그림 3.4〉에 EDI의 원리를 나타낸다. 장치는 이온교환수지를 충전한 탈염실과 제거된 이온을 배출하는 농축실이 교대로 배치되어 있고, 그 사이는 양이온 교환막과 음이온 교환막으로 나뉘어 그것들을 복수 적층해 전극을 사이에 두고 끼워 넣고 있다. 공급수(원수)에 포함되는 이온성분은 탈염실을 흐르고 있는 동안에 양이온 성분은 음극 방향으로, 음이온 성분은 양극 방향으로 이동하지만 이온교환막이 있음으로써 이온성분은 농축실 내에 모여 그대로 배출된다. 탈염실 내의 이온농도가 낮아지면 물의 전기분해에 의해 H^+, OH^-가 생성되고 이온교환수지가 재생되어 흡착하고 있던 이온은 이탈해 농축실로 이동한다. 이것을 반복함으로써 연속해 이온교환이 이루어진다.

[4] 역삼투막장치(RO : Reverse Osmosis)

역삼투의 원리를 이용한 정제장치이며 해수 담수화 장치로서 발전한 기술이다. 이온

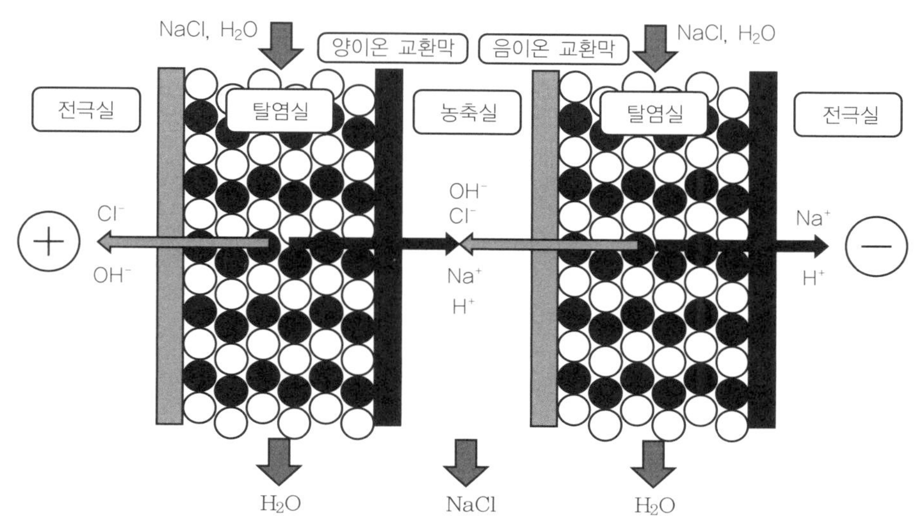

〈그림 3.4〉 전기재생식 이온교환장치(EDI)의 원리

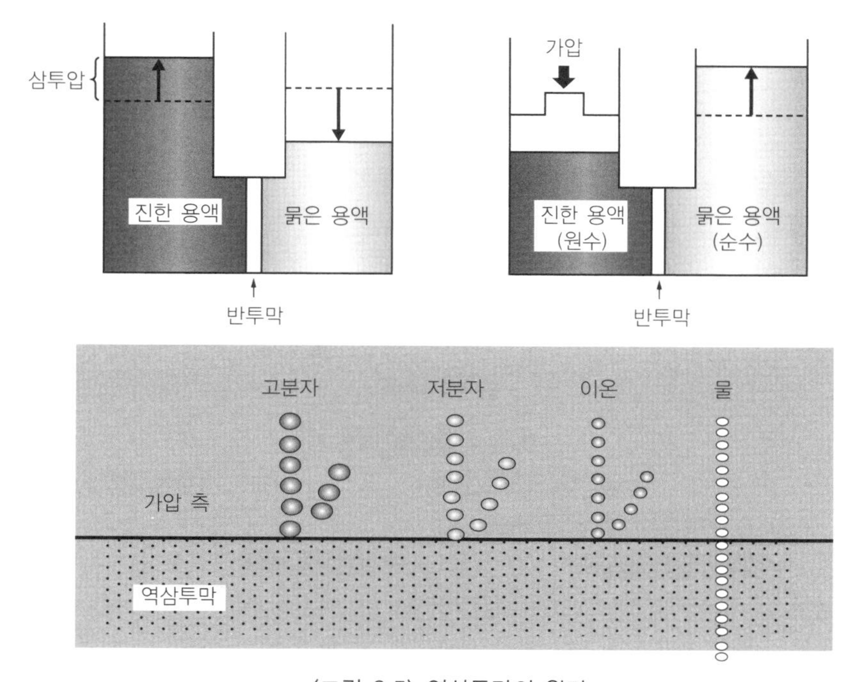

〈그림 3.5〉 역삼투막의 원리

성분뿐만 아니라 입자성분이나 유기성분도 제거할 수가 있다. 〈그림 3.5〉에 역삼투의 원리를 나타낸다. 진한 용액과 묽은 용액을 반투막을 사이에 두고 접촉시키면 묽은 용액 측에서부터 진한 용액 측으로 물만 투과해 나가 평형에 이른다. 이때, 그림에 나타낸 것처럼 농도 차이에 따른 삼투압이 생긴다. 이 삼투압 이상의 압력을 진한 용액에 가해 묽은 용액 측에 물만을 투과시키는 것이 역삼투이다. RO막 장치에서는 이 역삼투 원리를 이용해 원수(진한 용액) 중의 불순물을 분리해 순수(묽은 용액)를 제조하고 있다.

[5] 자외선 살균장치

순수 제조장치에서는 파장 254nm의 자외선을 조사해 살균을 실시한다. 원수로부터 오염된 세균은 물이 체류하기 쉬운 구조의 배관이나 탱크 등에서 증식해 슬라이임이나 바이오 필름을 형성한다. 일반적으로는 순수장치 내에서 연속적으로 자외선을 조사하지만, 탱크 내의 물을 살균하기 위해서 간헐적으로 자외선을 조사하는 경우도 있다.

세균은 정밀여과(MF)나 한외여과(UF)로 제거하는 것도 가능하다. 물 중 불순물의

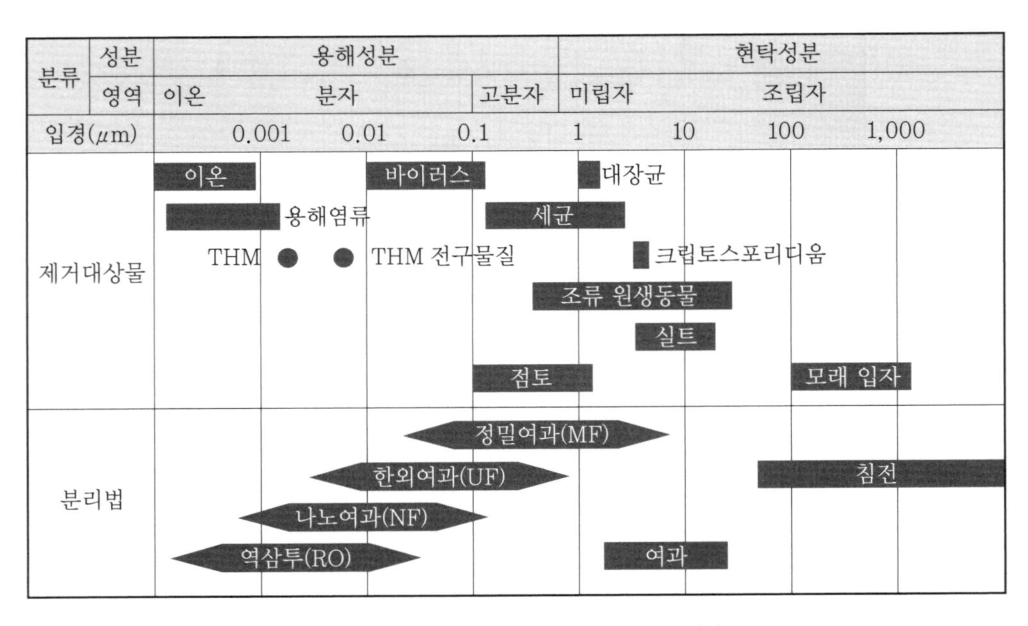

〈그림 3.6〉 물 중 불순물의 입경과 분리막

입자지름과 거기에 대응하는 분리막에 대해 〈그림 3.6〉에 나타낸다.

배양시험과 같이 세균의 제거가 필요한 경우에는 순수장치에 자외선 살균장치를 부가하게 된다. 또, 균의 증식은 입자성분이나 질소·인·유기성분 등의 발생원이 되기 때문에 무기분석이나 유기분석에도 영향을 준다.

[6] 자외선 산화장치

RO막이나 이온교환수지에 의해 정제된 순수에는 TOC 100μgC/L 정도의 유기물이 포함되어 있어 초순수로서 이용하려면 한층 더 정제할 필요가 있다. 함유되어 있는 유기성분은 비교적 산화 분해되기 쉬운 유기물이라고 생각되기 때문에 자외선 산화장치가 이용되고 있다. 아래에 나타내듯이 물에 파장 185nm의 자외선을 조사하면 물로부터 OH 라디칼이 발생해 유기물이 분해된다.

$$H_2O - UV(185nm) \rightarrow H\cdot + OH\cdot$$

$$\text{유기물} + OH\cdot \rightarrow RCOOH + H_2O$$

$$RCOOH + OH\cdot \rightarrow CO_2 + H_2O$$

유기물 분해에 의해 생성된 이산화탄소는 탄산 이온이나 탄산수소 이온으로서 물에 용해되어 있다. 또, 완전히 분해되지 않고 유기산(포름산(개미산), 초산 등)으로서 남는 유기물도 있어 이것들을 제거하기 위해서 자외선 산화장치의 뒤에는 이온교환장치가

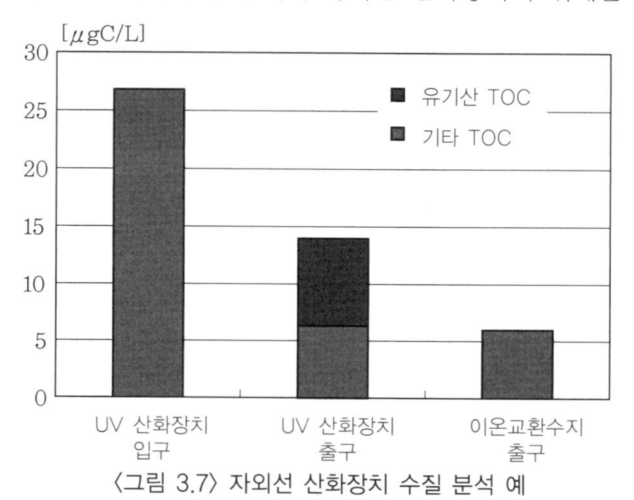

〈그림 3.7〉 자외선 산화장치 수질 분석 예

필요하다. 자외선 산화장치에 의한 유기물 분해와 관계되는 수질분석 예를 〈그림 3.7〉에 나타낸다.

[7] 한외 여과막장치(UF : UltraFiltration)

초순수 제조장치의 말단에 설치되어 원수로부터 반입되거나 수처리 장치 부재로부터 용출되는 입경 수십 nm~수백 nm의 미립자 성분을 제거한다. 말단에 설치되기 때문에 미립자 포착 성능뿐만 아니라, 청정도(불순물을 용출하지 않는다)가 요구된다. RO막은 미립자의 포착 능력은 높지만 클린화가 곤란하여 최종 필터로서 이용할 수 없다.

[8] 증류장치

원수를 가열해 발생한 수증기를 냉각·응축시켜 정제한다. 증류기 재질로부터의 용출이 있어 화학분석에서 이용되는 일이 많은 유리제의 증류장치에서는 알칼리 성분이나 규소·붕소가 용출된다. 또, 비등식 증류에서는 원수가 미스트 상태가 되어 반입되거나, 증류장치의 내면을 기어오르는 클리프 현상이 일어나므로 높은 수질의 물을 얻는 것은 어렵다. 순도가 높은 물을 얻으려면 석영유리제 증류장치를 이용하고 비비등식 증류(sub-boiling distillation, 서브 보일링)가 필요하다.

3.2.2 순수의 규격

JIS K 0557 '용수·폐수의 시험에 이용하는 물'에 규정되어 있는 물의 종별에 의한 수질과 인용되고 있는 시험방법의 규격을 〈표 3.3〉에 나타낸다. 또, 기재되어 있는 종별에 의한 용도 및 제조방법의 개요를 〈표 3.4〉에 나타낸다. 해외의 같은 규격으로서 ISO 696(International Standardization Organization, 국제표준화기구), ASTM D 1193(American Society for Testing and Materials, 미국재료연구협회) 등이 있다. JIS K 0557의 해설에는 이것들에 대해서도 기재되어 있다.

JIS K 0557에는 〈표 3.3〉, 〈표 3.4〉에 나타낸 이외에 증류법에 의한 다음 항 ①~⑤의 물에 대해 기재되어 있다. ①,②는 용존가스 성분을 제거한 물이며, 보통의 순수 제조에서는 용존 가스 제거를 목적으로 한 정제기술은 들어 있지 않다. ③~⑤는 유기성분과 관계되는 개별의 시험방법으로 특화한 정제방법이다.

〈표 3.3〉 물의 종별과 질, 시험방법

항목 \ 종별	A1	A2	A3	A4	시험방법
전기 전도율 mS/m(25℃)	0.5 이하	0.1 이하	0.1 이하	0.1 이하	JIS K 0552
유기체 탄소 (TOC) mgC/L	0.1 이하	0.5 이하	0.2 이하	0.05 이하	JIS K 0551
아연 μgZn/L	0.5 이하	0.5 이하	0.1 이하	0.1 이하	JIS K 0553
실리카 $\mu gSiO_2/L$	-	50 이하	5 이하	2.5 이하	JIS K 0555
염화물 이온 μgCl/L	10 이하	2 이하	1 이하	1 이하	JIS K 0556
황산 이온 $\mu gSO_4/L$	10 이하	2 이하	1 이하	1 이하	JIS K 0556

〈표 3.4〉 물의 종별과 용도, 정제방법

종별	용도	정제방법(*)
A1	기구류의 세정	이온 교환법 또는 역삼투막법 등에 의해 정제한다.
A2	일반적인 시험	A1의 물을 이용해 최종 공정에서 이온 교환법, 정밀 여과법 등의 조합에 의해 정제한다.
A3	시약류의 조제	A1 또는 A2의 물을 이용한다. 최종 공정에서 증류법에 의해 정제한다.
A4	미량성분의 시험	A2 또는 A3의 물을 이용한다. 석영 유리제의 증류장치에 의한 증류법 또는 비비등형 증류법에 의해 정제한다.

(*) 기재된 내용 외에 '동등한 질을 얻는 방법'을 포함.

① 용존 산소를 포함하지 않는 물
② 탄산을 포함하지 않는 물
③ 100℃에 있어서의 과망간산칼륨에 의한 산 소비량(COD_{Mn})의 시험에 이용하는 물
④ 유기체 탄소(TOC)의 시험에 이용하는 물
⑤ 전 산소 소비량(TOD)의 시험에 이용하는 물

화학분석용으로서 시판되고 있는 용기에 들어 있는 물에 대해서는 그 사용목적에 맞추어 아래와 같은 규격 항목이 정해져 있다.

a) 초순수 : 금속 분석용
(규격 예) 금속류/1ng/L~10ng/L, 음이온류/수백 ng/L

b) 증류수 : 고속 액체 크로마토그래피용
(규격 예) 밀도, 굴절률, 불휘발물, 흡광도

c) 증류수 : 형광 분석용
(규격 예) 상대 형광도, UV 흡광도

3.2.3 순수의 수질평가

화학분석에서 사용하는 물의 수질평가는 용도에 맞추어 필요한 항목이나 측정 농도 수준을 설정해 적절한 방법을 선택한다. JIS K 0557에 규정되어 있는 항목을 포함해 초순수 중의 불순물 분석에 관한 JIS 규격과 그 시험방법의 개요를 〈표 3.5〉에 나타낸다. 세균수, 전기 전도율을 제외한 항목은 표준액을 이용해 검량선을 작성해 정량하는 시험방법이다. 순수의 수질평가는 검량선의 블랭크 수로서 사용할 수 있는지를 판단하기 위해서 필요하며 정량하는 농도의 1/5~1/10 이하인 것이 바람직하다.

검량선의 절편을 농도 환산한 값(BEC : Background Equivalent Concentration)에는 물속의 불순물, 시약 속의 불순물, 분석장치의 오염, 측정원리 유래의 백그라운드(예를 들면, ICP/MS의 분자 이온) 등이 포함되어 있다. BEC가 분석결과에 영향을 주는 경우는 물속의 불순물 농도를 확인해 둘 필요가 있다. 보다 고순도의 물과 비교하거나 통상 측정하는 조건보다 고감도 조건에서의 분석, 고배율 농축분석 등의 방법이 생각된다.

JIS K 0557에서 규정되고 있는 항목의 수질시험에 관한 유의사항을 아래에 기재한다.

〈표 3.5〉 초순수 측정방법(JIS K 0550~0556 개요)

항목(규격)	샘플링 및 전처리	시험방법
세균 수(JIS K 0550)	유기성 여과재에 의한 포집 • 구멍지름 0.45㎛ • 직경 37~55mm	M-TGE 배지 또는 표준배지에 의한 배양법 • 단시간(36℃±1℃, 24시간±2시간) • 장시간(25℃±1℃, 5일간)
유기체 탄소(TOC) (JIS K055I)	자동계측기 직접도입 또는 용기에 채수	• 연소 산화-적외선식 TOC 분석계 • 습식 산화-적외선식 TOC 분석계
전기 전도율 (JISK 0552)	자동 계측기에 직접 도입 또는 용기에 채수	전기 전도율계
금속 원소(JISK 0553) [대상원소] Na, K, Ca, Mg, Cu, Zn, Pb, Cd, Ni, Co, Mn, Cr, Al, Fe	용기에 채수해 필요에 대응하여 농축한다. • 감압 농축법 • 비이커 가열 농축법	• 전기가열 원자흡광법 • ICP 발광분석법 • ICP 질량분석법 • 이온 크로마토그래피
미립자(JIS K 0554)	자동계측기에 직접도입 또는 여과재막에 의한 포집 • 구멍지름 0.2㎛ 이하 (측정대상 입경 이하) • 직경 13~25mm	• 광산란 방식 미립자 자동계측기 (JIS B 9925) • 광학 현미경(막상 미립자를 염색하여 계수) • 주사형 전자현미경(막상 입자의 계수)
실리카(JISK 0555)	용기에 채수해 필요에 대응하여 농축한다. • 비이커 가열 농축법	• 몰리브덴청 추출 흡광광도법 • 전기가열 원자흡광법
음이온(JIS K 0556) [대상성분] F^-, Cl^-, NO_2^-, Br^-, PO_4^{3-}, NO_3^-, SO_4^{2-}	용기에 채수	• 이온 크로마토그래피

[1] 전기 전도율[mS/m(25℃)]

무기이온성분의 지표가 된다. 물에 전기가 흐르는 것은 물속에 불순물(이온성분)이 있기 때문이고, 이온성분의 농도가 낮으면 전기 전도율의 값이 작아지기 때문에 불순물의 지표로서 이용되고 있다. 순수 제조장치에는 감시용 계기로서 비저항계가 탑재되어 있어 전기 전도율의 역수인 비저항으로 수질을 관리하고 있다. 불순물을 전혀 포함하지 않고 H^+와 OH^-의 해리만으로 산출되는 이론 순수의 저항값(비저항)은 18.2MΩ

·cm이며, 전기 전도율 0.055(1/18.2)μS/cm에 상당한다. 아래에 나타낸 것처럼 순수 제조장치에서는 μS/cm로 표시되는 경우가 많아 JIS K 0552로 정해져 있는 mS/m로 나타내는 값의 10배 값이 된다. 〈표 3.6〉에 순수·초순수 제조장치에서의 기준을 나타낸다. 순수를 용기에 채취해 전기 전도율을 측정하는 경우에는 공기 중의 탄산가스가 용해되기 때문에 올바른 측정은 할 수 없다.

〈표 3.6〉 물의 순도

	수돗물 · 지하수	순수	초순수
전기 전도율 [μS/cm]	100~	0.1~1	~0.055
비저항 [MΩ·cm]	0.01~	1~10	~18.2

* 비저항 [MΩ·cm]=1/전기 전도율[μS/cm].

[2] 유기체 탄소(TOC)[mgC/L]

유기물 성분의 지표가 된다. 분석에는 TOC계가 이용되지만 〈표 3.7〉에 나타내듯이 유기물의 산화 분해방법 및 검출방법이 다른 다양한 장치가 있다.

화학분석에서 이용되는 물은 유기물 농도가 낮기 때문에 전 탄소(TC)로부터 무기체 탄소(IC)를 빼내 TOC로 하는 방법에서는 측정오차가 커지기 때문에 미리 산성 조건화로 환기해 IC를 제거하고 나서 TC(TOC)를 측정하는 방법을 채용하는 경우가 많다.

JIS K 0551에서는 산화 분해방법으로서 고온으로 유기성분을 연소 분해하는 방법과 산화제를 첨가해 자외선 조사에 의해 분해하는 방법, 이산화탄소 검출방법으로서 비분산형 적외선 가스 분석계(NDIR)가 규정되어 있다. 그 밖에 산화제를 첨가하지 않고 자외선 조사로 분해하는 방법, 이산화탄소를 도전율로 검출하는 방법도 있고, 제약용수나 반도체·액정 제조용 초순수의 수질관리로 이용되고 있다. 초순수 제조장치에 설치되어 있는 TOC계는 자외선 산화－직접 도전율 검출 방식이다.

TOC계는 그 측정원리에서 성분에 따라 검출률이 크게 다르다. 그 일례를 〈표 3.8〉에 나타낸다.

〈표 3.7〉 TOC계의 산화 분해·검출방법

	연소 산화 NDIR 검출	습식 자외선 산화 NDIR 검출	습식 자외선 산화 가스 투과형 도전율 검출(*)	자외선 산화 직접 도전율 검출
산화 분해방법	연소 산화 분해	산화제 첨가 UV 분해	산화제 첨가 UV 분해	UV 분해
검출방법	적외선 (NDIR)	적외선 (NDIR)	가스투과막-도전율	직접도전율
측정방법	IC 측정 TC 측정 TC-IC	IC 제거 TC 측정 TC=TOC	IC 측정 TC 측정 TC-IC	낮은 IC 온라인 전용 TC-IC
난분해성 유기물	◎	○	○	×
저비등점 휘발성 유기물	○	×	○	△
저농도 분석	△	○	○	◎

(*) JIS 규격에는 채용되어 있지 않다.

〈표 3.8〉 유기화합물 검출률의 비교 예

[%]

	연소식 산화 NDIR 검출 TC-IC 산출	습식 자외선 산화 NDIR 검출 IC 제거 TC 측정	습식 자외선 산화 가스 투과형 전도율 TC-IC 산출	자외선 산화 직접 전도율 검출
메탄올	98	102	100	100
IPA	98	97	100	100
아세톤	95	96	95	–
초산에틸	98	105	102	–
사염화탄소	100	10[주1]	104	9,600 [주2]
요소	98	100	100	33[주3]
L-글루타민산	95	95	100	–
후민산	96	56	96	–

[주1] IC 제거 시에 휘발한다.
[주2] 산화 분해로 생성되는 염화물 이온의 도전율이 크기 때문에 값이 커진다.
[주3] 난분해성 유기물이기 때문에 완전 분해할 수 없다.

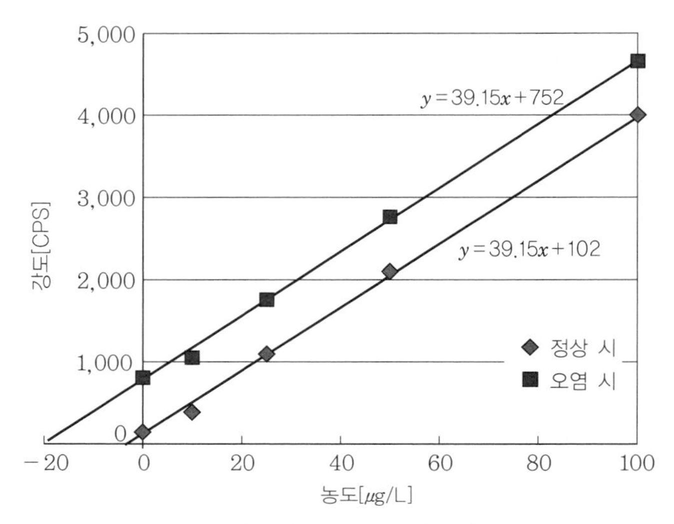

〈그림 3.8〉 ICP-MS 검량선의 예

[3] 아연[μgZn/L]

금속류의 대표로서 아연이 규정되어 있다. JIS K 0553으로 규정되어 있는 측정 대상원소는 Na, K, Ca, Mg, Cu, Zn, Ph, Cd, Ni, Co, Mn, Cr, Al, Fe로 시험방법은 4종류이지만 원소의 종류에 따라 채용하고 있는 방법이 다르다.

① 농축-전기 가열식 원자흡광법
② 농축-고주파 플라즈마 발광분광분석법(Ca, Mg, Cu, Zn, Cd, Mn, Fe)
③ 고주파 플라즈마 질량분석법
④ 농축 칼럼-이온 크로마토그래피(Na, K)

고주파 플라즈마 질량분석법은 가장 고감도인 분석장치이며, ng/L 레벨의 정량이 가능하기 때문에 앞서 말한 블랭크수의 관리가 매우 중요하다.

예를 들면, 〈그림 3.8〉에 나타내듯이 통상보다 BEC가 높아져 버린 경우, 사용하는 물이 관리되고 있으면 다른 요인(산에 포함되는 불순물, 용기나 장치의 오염, 측정조건의 이상 등)을 신속히 확인할 수가 있다.

[4] 실리카[$\mu gSiO_2/L$]

화학분석에 있어서 순수 중의 실리카가 분석결과에 영향을 미치는 예는 적다고 생각되지만, 실리카는 원수 중 불순물의 주요 성분이며 순수장치에서는 제거하기 어려운 성분이다. 순수 제조장치에서 이온교환수지에 의한 처리를 계속해 가면 이온교환의 선택성에 의해 흡착한 실리카가 다른 이온성분에 밀려나와 처리수 중에 새어 나온다. 미량의 실리카를 정량할 수 있는 방법은 아래와 같다.

① 몰리브덴청 추출 흡광광도법
② 전기가열 방식 원자흡광법(매트릭스 모디파이어 첨가)
③ 농축 칼럼-이온 크로마토그래피(포스트 칼럼법)

①의 흡광광도법으로 검출되는 것은 이온상 실리카(몰리브덴산 반응성 실리카)이며, ②의 원자흡광법으로 검출되는 것은 몰리브덴산과 반응하지 않는 실리카를 포함한 총 실리카(규소)이다. ③의 이온 크로마토그래피로 검출되는 것은 음이온 교환수지로 농축·분리할 수 있는 실리카이며 ①의 이온상 실리카와 거의 같지만 JIS K 0555에는 채용되어 있지 않다. 순수에는 미량이지만 몰리브덴산과 반응하지 않는 실리카 성분이 포함되어 있는 일이 있어 그 경우에는 원자흡광법으로 측정한 실리카 쪽이 큰 값이 된다.

그 밖에 JIS에는 채용되어 있지 않지만, 원자흡광법과 같이 규소를 정량할 수 있는 방법으로서 고주파 플라즈마 질량분석법이 있다. 시료의 도입계에 유리제 부재가 많이 이용되고 있는 점이나, 분자 이온(m/z 28의 N_2, CO)에 의한 영향으로 BEC가 높아지기 때문에 미량 정량에는 분석장치의 컨디셔닝이 중요하다.

[5] 염화물 이온[$\mu gCl/L$]·황산 이온[$\mu gSO_4/L$]

음이온 성분으로서 2성분 규정되어 있지만, JIS K 0555에 규정되어 있는 성분은 F^-, Cl^-, NO_2^-, Br^-, PO_4^{3-}, NO_3^-, SO_4^{2-}이다. 시험방법은 농축 칼럼-이온 크로마토그래피이다. 이온 크로마토그래피에서는 용리액 조제에 사용하는 물의 수질에도 주의가 필요하다. 음이온 성분을 포함한 물을 사용해 조제한 용리액을 이용하면 목적성분의 피크를 검출할 수 없기도 하고 워터 딥과 같이 부(−)의 피크가 되는 일이 있다.

3-3 순수의 이용과 주의점

화학분석에서 순수를 이용할 때는 JIS K 0557에 규정되어 있는 항목에 관계없이 목적에 알맞은 수질인지를 사전에 확인하는 것이 중요하다. 또, 순수 제조장치로부터 채수할 때나 용기로부터 채취할 때는 오염되지 않게 주의한다.

3.3.1 채취방법

순수를 이용하려면 분석목적에 맞는 적절한 용기를 준비하고 필요한 양을 채취한다. 용기에 보존한 물의 사용은 가능한 한 피하는 것이 원칙이다. 특히, 초순수는 용기나 환경으로부터 쉽게 오염되기 쉽기 때문에 사용하는 기구나 작업환경의 관리방법을 미리 정해 이용한다.

화학분석의 현장에서는 칭량 용기의 메스업을 위해서 세정병을 사용하는 일이 있는

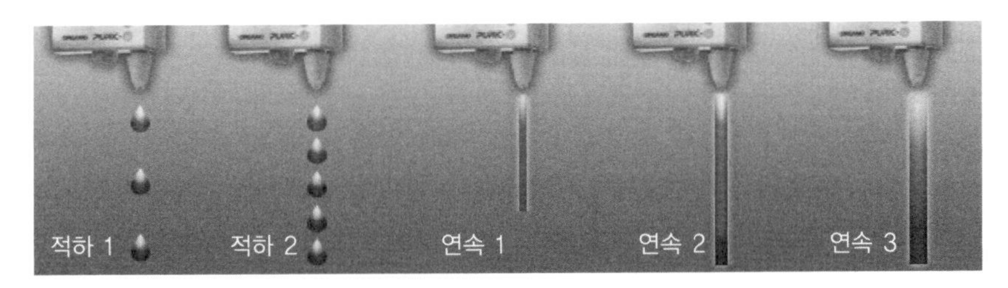

〈그림 3.9〉 초순수 제조장치 채취 액량의 예(오르가노(주) 홈페이지로부터)

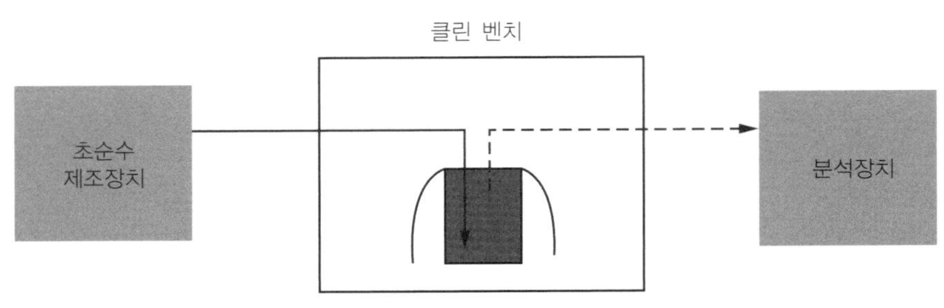

〈그림 3.10〉 초순수의 오버플로 채수

데, 이때 병의 재질에 주의할 뿐만 아니라 용기 내에 남아 있는 물은 버리고 가느다란 관 부분을 포함해 충분히 세정한 후 새로운 물을 넣어 이용한다. 순수장치의 출구로부터 튜브를 개입시켜 채취하는 경우에는 튜브의 관리도 중요하다. 근래에는 이러한 오염 요인을 배제하기 위해 〈그림 3.9〉에 나타내듯이 순수 제조장치로부터 소량의 물을 직접 채수할 수 있는 시스템도 판매되고 있다. 또 〈그림 3.10〉에 나타내듯이 초순수 제조장치의 물을 용기에 오버플로(넘치게)시키면서 사용하면 용기나 환경으로부터의 오염을 피할 수가 있다.

[1] 용기

순수를 용기에 넣으면 재질에 따라 용출되는 성분이 있기 때문에 분석목적에 맞추어 용기 재질을 선택한다. 또, 음이온 성분은 가스 투과성이 높은 재질(예를 들면, 저밀도 폴리에틸렌)에서는 대기 환경으로부터의 용해가 있다. JIS K 0557의 A4 수준의 물을 채취하는 경우의 용기 재질 선택 기준을 〈표 3.9〉에 나타낸다.

같은 재질의 용기도 형상에 따라 그 영향도 다르다. 캡(뚜껑) 부착 용기를 이용하는 경우에는 캡의 재질에도 주위를 기울인다. 예를 들면 밀폐도를 높이기 위한 뚜껑안의 재질, 라이너의 재질 및 접착제 사용 유무를 확인한다.

또한, 제조사에 따라 원료(첨가제)나 제조 환경, 보관 상황 등이 다르기 때문에 순수를 충전해 사전에 용출량을 확인해 둔다.

용기의 세정방법은 초순수 관련 JIS의 기재를 참고로 이용목적에 알맞은 세정방법을 검토해 순수 전용 용기로서 관리한다.

〈표 3.9〉 용기 재질의 선정(A4 상당 물에 미치는 영향)

용기 소재	유리	석영유리	저밀도 폴리에틸렌	고밀도 폴리에틸렌	불소수지
유기체 탄소	○	○	×	×	○
금속 원소	×	○	○	○	○
실리카	×	×	○	○	○
음이온 성분	○	○	△	○	○(불소 제외)

[2] 환경·사람

채수 작업에서는 환경과 사람으로부터의 오염에 주의가 필요하고 환경으로부터의 오염을 피하려면 클린 벤치나 클린 룸, 사람으로부터의 오염을 피하려면 마스크나 클린 장갑, 클린 웨어 등의 이용이 유효하다.

일반 실험실에서 잘못된 방법으로 용기에 채수하면 채취 환경 대기 중에 포함된 성분이 말려들어 오염 요인이 된다. 화학분석 현장의 대기에 포함되는 성분의 예를 〈표 3.10〉에 나타낸다. 통상의 클린 벤치나 클린 룸에서는 대기 중의 불순물을 미립자 성분으로서 필터로 제거하고 있다. 그 때문에 가스 성분인 음이온 성분이나 암모니아는 제거할 수가 없다. 또, 필터는 붕규산 유리제이기 때문에 붕소가 미립자 성분이나 가스상 성분으로서 배출되어 일반 실험실보다 농도가 높은 경우가 있다.

이들을 저감하려면 이온 흡착성능을 가진 화학적 필터나 PTFE제 필터의 이용이 유효하다. 최근에는 간이형의 실험 대용 필터 유닛도 있어 고액의 투자를 하지 않아도 깨끗한 환경을 얻는 것이 가능하다.

〈표 3.10〉 실험실 대기에 포함되는 성분의 측정 예

[$\mu g/m^3$]

	일반 실험실	클린 룸	일반 실험실 내 클린 벤치
Na	0.3	0.002	0.002
Ca	0.3	<0.005	<0.005
Fe	0.06	<0.001	<0.001
Zn	0.02	<0.001	<0.001
Cl^-	2.3	0.3	0.03
NO_2^-	6.2	3.0	<0.02
NO_3^-	30	7.6	<0.04
SO_4^{2-}	8.8	4.2	0.04
NH_4^+	11	8.8	0.05
B	0.02	0.16	<0.02

[주 1] 물을 포집액으로 한 임핀저법으로 측정.
[주 2] 클린 룸은 클래스 1,000 사양.
[주 3] 클린 벤치는 ULPA+화학적 필터.

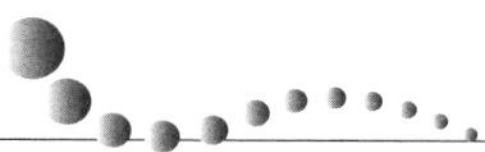

클린 장갑의 착용에 의해 사람의 손으로부터 오염되는 위험을 경감할 수 있지만, 클린 장갑의 관리나 사용방법이 잘못되면 충분한 효과를 발휘할 수 없다. 사용이 끝난 장갑에 부착되어 있는 물방울을 분석한 예를 〈그림 3.11〉에 나타낸다. 검출된 성분은 사람이나 환경에 따라 오염을 받기 쉬운 성분이며 사용이 끝난 장갑을 재이용하는 경우 등 그 취급에 주의한다.

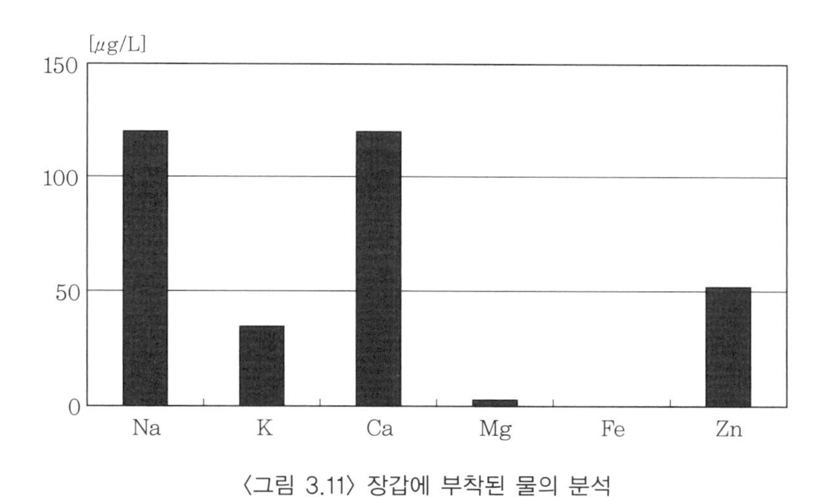

〈그림 3.11〉 장갑에 부착된 물의 분석

3.3.2 무기성분 분석 시 주의점

수질평가의 항에 기재한 것처럼 순수 제조장치에서는 비저항이 무기 이온성분의 지표가 된다. 염화나트륨을 예로 물속의 이온농도에 따른 비저항을 〈표 3.11〉에 나타낸다. ng/L 레벨의 분석에 이용되는 초순수의 수질을 비저항만으로는 파악할 수 없음을 알 수 있다. 또한, 같은 농도에서도 물질에 따라 비저항값은 다르기 때문에 순수 제조장치로 제거되기 어려운 붕소나 실리카가 새고 있으면 비저항이 18MΩ·cm에서도 수십 μg/L 포함되어 있다.

〈표 3.11〉 염화나트륨의 농도와 비저항

NaCl[μg/L]	비저항[MΩ·cm]
0	18.2
0.01	18.2
0.05	18.2
0.1	18.1
0.5	17.6
1	16.9

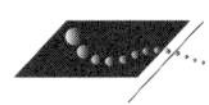

3.3.3 유기성분 분석 시 주의점

유기성분의 분석방법은 다양하여 순수장치에 있어서의 유기성분 감시 계기인 TOC 계만으로는 수질의 파악은 불충분하다. 수질평가의 항에 기재한 것처럼 TOC계의 측정 원리에 따라 유기성분의 종류에 따른 검출률이 다르기 때문에 분석에 미치는 영향이 검출되지 않은 경우가 있다. 또 TOC의 농도가 높아도 분석에는 영향을 미치지 않는 성분의 경우도 있다. 예를 들면 TOC의 주성분이 휘발성 성분이면 가스 크로마토그래피에의 영향이 크고, 불휘발성 성분이면 액체 크로마토그래피에의 영향이 크다. 액체 크로마토그래피가 UV 검출이면 UV 흡수가 없는 불순물은 영향을 주지 않지만, 질량분석계에서는 많은 성분이 영향을 미친다.

3-4 순수의 관리

화학분석에 이용하는 물을 구하는 방법은 몇 가지가 있고, 사용 시의 수질을 관리하기 위해서 유의해야 할 점은 많다. 시약 제조사로부터 용기에 든 물을 구입하는 경우는 개봉 후 다 사용해 버리는 경우를 제외하고 보관에 주의가 필요하다. 순수 제조장치를 사용하는 경우는 분석장치와 같이 관리방법을 명확하게 해 둘 필요가 있다.

3.4.1 순수 제조장치의 관리

순수 제조장치 관리의 기본은 수질 감시 계기인 비저항계와 TOC계이다. 운전 초기에 채취한 물은 장치 내에 있던 물이고, 장치 부재로부터의 용출에 의한 불순물을 포함하기 때문에 비저항이나 TOC가 높아진다. 초순수 제조장치에서는 순수 탱크에 장시간 넣어둔 채로 물을 사용해 운전을 시작하면 언제나 수질이 안정되지 않는다. 넣어 둔 물을 배수하고 새로운 순수로 초순수를 제조한다. 비저항이나 TOC가 규정 값에 도달하지 않기도 하고 안정될 때까지 시간이 길어졌을 경우에는 이온교환수지나 자외선 램프의 교환시기를 확인한다.

이온교환수지는 사용을 계속하면 이온 교환기가 포화해 이온성분을 제거할 수 없게 된다. 화학분석의 현장에서는 보통 산이나 알칼리에 의한 재생은 하지 않고 충전되어 있는 이온교환수지나 카트리지를 교환한다. 교환의 기준은 비저항이지만, 초순수 제조장치에서는 〈그림 3.12〉에 나타내듯이 카트리지(이온교환수지)를 2개로 해 첫번째 처리수의 비저항을 감시함으로써 초순수 수질이 저하하기 전에 이온교환수지 카트리지를 교환해 항상 고수질의 물을 확보하고 있다.

자외선 살균이나 자외선 산화에 사용되는 자외선 램프에는 수명이 있기 때문에 정기적인 교환이 필요하다.

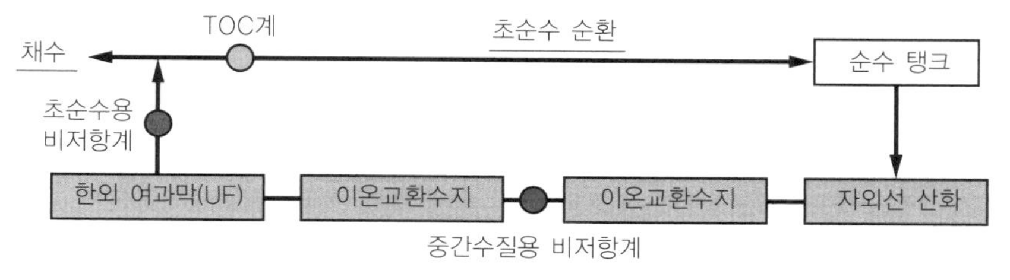

〈그림 3.12〉 초순수 제조장치의 감시 계기

3.4.2 순수의 보관

화학분석에 있어서 신선한 물, 예를 들면 순수 제조장치로부터 채취한지 얼마 안 된 물 혹은 미개봉의 시약 용기로부터 분취한 지 얼마 안 된 물을 이용하는 것이 이상적이지만 용기에 보관해 이용하는 일도 많다. 사용하는 용기에 대해서는 위에 설명한 대로지만, 분석 작업에 있어서 작업공정을 정밀히 조사해 그 순서를 충분히 검토하는 것이 중요하다. 예를 들면, 마이크로 피펫으로 물을 채취하는 경우에 물의 용기에 직접 피펫

팁을 삽입하는 작업을 반복하면 용기 내에 남아 있는 물이 오염되고 물의 용기로부터 소량을 별도 용기에 나누어 이용하면 피펫 팁으로부터의 오염은 피할 수 있지만, 별도 용기로부터의 오염 가능성이 높아진다. 어느 방법이 좋은가는 화학분석의 현장마다 다르다.

보관에 대해서 실험실 대기로부터의 오염에 관한 예를 〈그림 3.13〉, 〈그림 3.14〉에 나타낸다. 초순수를 뚜껑이 없는 용기에 넣어 방치했을 경우의 측정 예이다. 오토샘플러에 의한 연속 측정으로 수 시간 대기에 접할 가능성이 있는 경우 등 주의가 필요하다. 또, 시약 용기에서는 남아 있는 물의 양이 적게 되면 용기 내의 공기로부터 오염되는 경우도 있다.

〈그림 3.15〉는 제품 제조에서 유기용제를 사용하고 있는 장소에 설치된 순수장치로 처리수 TOC가 높아진 예이다. 순수를 방치해 포집한 대기 중의 성분과 같은 성분이 처리수로부터 검출되고 있어 순수장치 내에 대기 중의 유기용제가 혼입한 것으로 추정된다.

분석기술의 향상이나 분석장치의 고감도화에 의해 순수의 이용 목적도 변화한다. 각각의 분석 현장에 맞춘 사용기준이나 관리기준을 이용자가 명확하게 규정, 준수함으로써 올바른 분석결과를 얻을 수 있다. 순수의 이용에 관해 한층 더 상세한 사례에 대해서는 참고문헌을 참조하기 바란다.

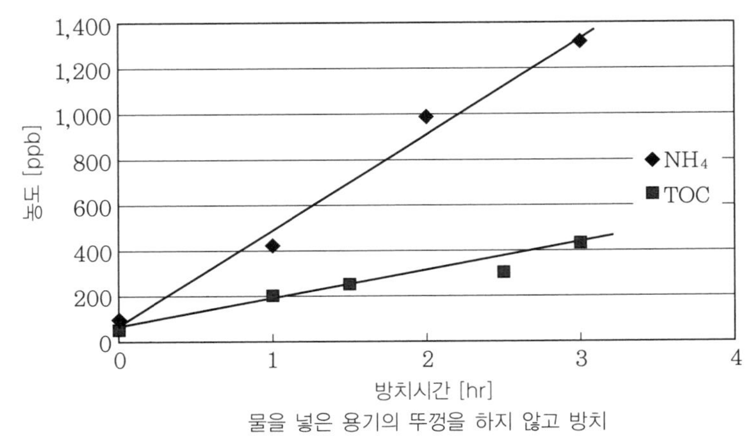

〈그림 3.13〉 환경으로부터의 오염

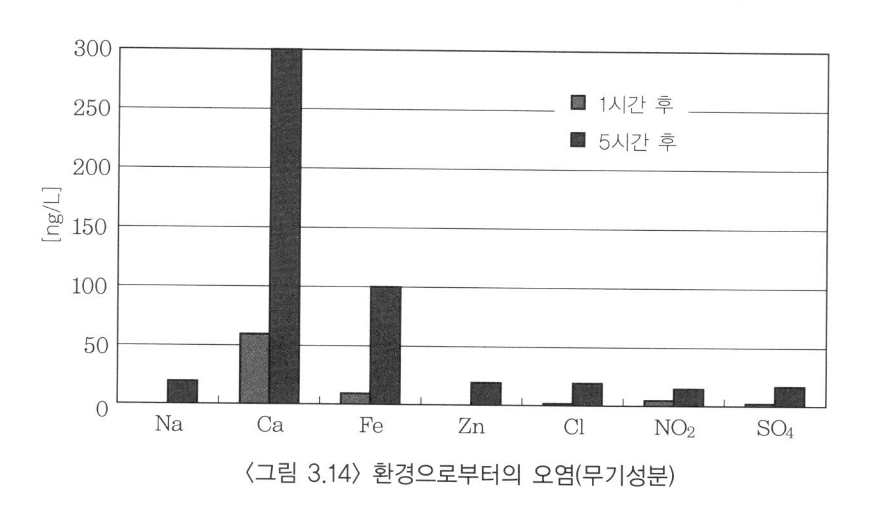

〈그림 3.14〉 환경으로부터의 오염(무기성분)

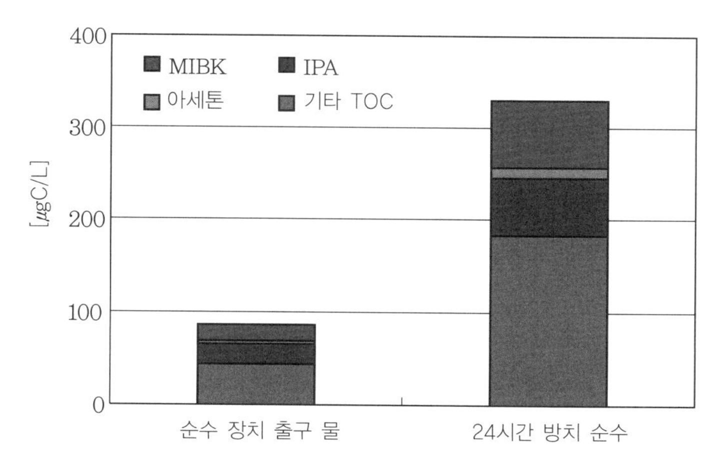

〈그림 3.15〉 환경으로부터의 오염(유기성분)

【참고문헌】

1) 梅香明子 :「入門講座 化学分析のしかた 水の使いかた」, ぶんせき, p.194, 2011

2) 黒木祥文 :「超純水の使用例にみる微量分析における汚染要因とその対策」, 分析化学, 59, 2, p.85, 2010

3) 山中弘次 :「超純水と機能水」, 分析化学, 59, 4, p.265, 2010

4) 吉田知香他 :「超純水中の超微量成分の分析における諸問題」, 分析化学, 59, 5, p.349, 2010

5) 石井直恵 :「超純水中の超微量成分の分析における諸問題」, 分析化学, 60, 2, p.103, 2011

제 4 장

준비작업 (세정과 희석)

4-1 기구의 세정

분석조작의 첫걸음은 분석에 사용하는 기구가 분석하는 목적성분에 오염되어 있지 않는 것을 전제로 한다. 이 점에서 분석의 기본은 세정이라고 할 수 있다. 그 이유로는 분석에 사용하는 기구가 세정 불량에 의해 오염되면 데이터 불량이 일어나기 쉽기 때문이다.

예를 들면, 분석 목푯값을 알 수 있는 시료를 분석했다고 하자. 이용한 기구는 실험대 위에 놓여 있던 것을 사용하였고 분석결과가 목푯값보다 큰 폭으로 높은 값을 나타냈다. 결론부터 말하면, 오염에 의해 높은 값을 나타낸 것인데 어디에서 오염되었는지 예상할 수 없다. 그러나, 상황으로 보아 기구일 가능성이 높다. 사용한 기구가 겉보기에 깨끗하게 보였기 때문에 사용했다고 하면 근본적으로 잘못이다.

〈그림 4.1〉에 예상되는 오염의 요인을 나타낸다.

1. 사용한 시료의 나머지가 부착되어 있었다. 유기계 시료, 특히 단백질계 시료나 유지 등은 기구에 잔류하기 쉽다.
2. 중금속의 원재료를 용해한 액을 분석 시료로 했을 경우, 고농도이기 때문에 잔류한 채로 건조해 버리면 오염원이 된다.
3. 기구로부터의 용출이 있다. 유리제는 알칼리계 금속의 용출이 있고, 수지제 분석 항목에 따라 기구는 모재의 용출이나 가소제 등의 석출이 있으므로 주의해야 한다.
4. 측정이 종료했으므로 수돗물로 씻어 순수 세정을 한 후 건조해 사용했다. 이 경우 기구의 표면에 주성분의 금속이 흡착되어 있을 가능성이 높다. 특히 다음에 사용한 시료의 산농도가 높은 경우 기구에 잔류한 것이 용해해 영향을 준다.
5. 세정은 했다. 그러나 헹굼세정이 부족해 세제가 잔류해 오염되었다. 이로부터 세정의 중요성을 이해할 수 있을 것이다.

O 사용한 시료의 잔류물
유기물 : 유지, 단백
무기물 : 주성분의 잔류물(염류, 금속)
O 용기의 재질로부터 용출
유리용기 : 알칼리계 금속
플라스틱 : 가소제, 탄소계 화합물
O 세제의 잔류물
세제 : 알칼리계 세제, 연마제

〈그림 4.1〉 오염의 원인

4-2 세정방법

일반적인 세정방법을 〈그림 4.2〉에 나타낸다. 최초로 잔류물을 세정, 헹굼세정을 한다. 본 세정은 오염의 내용에 따라 세제를 선택할 필요가 있다. 계속해서 오염물질과 세제를 떨어뜨리기 위한 헹굼세정을 2회 실시하고, 마지막으로 클린화를 위해서 순수로 씻어 건조시킨다. 이와 같이, 오염을 제거하려면 각 공정에서 오염물질을 서서히 제거해 나간다. 따라서 각 단계의 끝으로 갈수록 오염의 정도는 줄어들게 된다. 또한, 세정액은 분별 폐기하고 생활폐수에는 흘리지 않는다.

- 잔류물의 제거
- 헹굼세정
- 본 세정
- 1차 헹굼세정
- 2차 헹굼세정
- 건조

〈그림 4.2〉 일반적인 세정방법

4.2.1 오염의 세정방법

세정법을 〈그림 4.3〉에 나타낸다. ① 세제(계면활성제)는 기구 표면에 부착된 오염에 침투해 안쪽으로부터 벗겨낸 후 둘러싸 재흡착하지 않게 한다. ② 강력하게 붙어 있는 오염에 대해서는 브러시나 스펀지 등을 이용해 물리적으로 비벼 떨어뜨린다. ③ 수지나 오일 등이 다량으로 부착하고 있는 경우, 부착물이 용해하는 유기용매로 녹여 폐기한다. 고농도의 중금속은 산을 이용해 용해해 폐기한다. ④ 시료를 넣은 채로 건조시킨 탓에 오염이 강력하게 부착하고 있는 경우, 브러시 등으로는 상처가 나기 쉬운 용기나 입구가 좁은 용기 등은 초음파를 이용한 세정기로 오염의 표면을 음파에 의해 진동시켜 용기로부터 오염을 벗겨 세정하는 방법이 있다

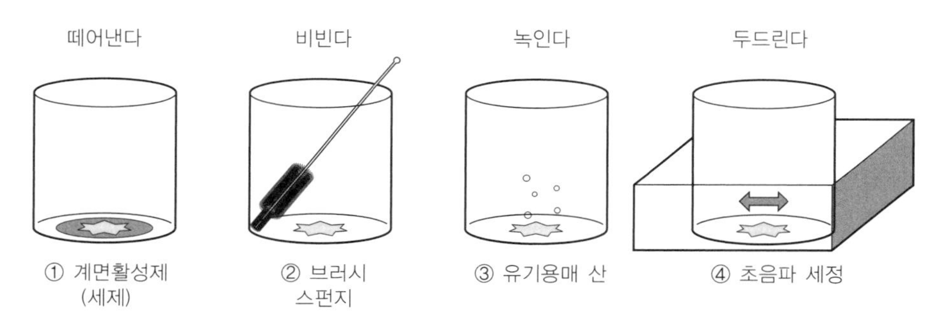

〈그림 4.3〉 세정방법의 종류

 4.2.2 세정의 구체적인 예(유기물)

유기물계 분석을 위한 세정방법에 대해 〈그림 4.4〉에 항목 순으로 나타낸다.

1) 용기에 잔류물이 부착하고 있는 경우, 용해하기 쉬운 용매로 세정한다. 녹기 어려운 경우는 하룻밤 담가 두어 용해시킨다.
2) 수용성 유기용매(에탄올, 아세톤 등)로 헹굼세정을 2회 이상 실시한다.
3) 이화학용 세제를 이용해 담가 두어 세정을 하룻밤~일주일 정도 실시한다. 브러시 등으로 세정하는 경우 기구에 상처가 생기지 않게 주의한다. 또, 브러시의 자루가 녹슬어 있는 것은 사용을 피한다. 작은 용기나 브러시가 닿지 않는 용기는 초음파 세정기를 이용한다.
4) 1차 헹굼세정을 수돗물 또는 순수(대량으로 사용할 수 있는 것)를 이용해 씻는다.

이 과정을 최소 2회 이상 실시한다.

5) 2차 헹굼세정을 순도가 높은 순수로 2회 이상 실시한다.
6) 건조시킨다. 건조기에 넣는 경우 고온은 피한다. 개구부를 아래로 향해 먼지가 들어가지 않게 한다. 세정액이 남지 않게 입구를 아래로 향하게 한다.

- 잔류물의 제거
  용해에 사용한 용매로 세정
  (떨어지기 어려운 오염은 하룻밤~일주간 담가 둔다)
- 헹굼세정
  수용성 용매(에탄올, 아세톤, IPA)로 물에 잘 씻도록 한다
- 본 세정
  화학 세제에 담가 둔다(하룻밤~일주일간) :
  브러시, 세제 등으로 비벼 세정(상처에 주의)
  초음파 세척기, 세제를 이용한다.
  (전량 플라스크와 같은 형상은 세부까지 브러시가 들어가지 않는다)
- 1차 헹굼세정
  수돗물로 헹굼세정
  초음파 세척기로 헹굼세정(고감도 분석)
- 2차 헹굼세정
  순수로 최소 2회 세정(고감도 분석의 경우 초순수를 이용한다)
- 건조(깨끗한 환경을 유지한다)
  주의 : 세정액의 분별 폐기 ⇒ 생활폐수로 흘려보내지 않는다

〈그림 4.4〉 유기물계 분석의 세정방법 흐름

4.2.3 무기물계 분석의 세정방법 일례

무기물계 분석을 위한 세정방법을 〈그림 4.5〉에 나타낸다.

1) 잔류물을 제거한다. 유기계 시료에 대해서는 유기용매(에탄올, 아세톤, IPA 등)를 이용해 세정한다. 기구 내에 건조해 달라붙어 있는 무기계 시료의 경우, 염산 등으로 용해 세정한다. 신속하게 용해하지 않는 오염에 대해서는 잔류물이 용해하기 쉬운 용액에 담가 둔다(하룻밤~일주일간).
2) 헹굼세정을 한다. 수용성 용매로 세정해 물에 잘 씻겨지도록 한다. 산을 이용했을

경우, 배출 후 수돗물로 헹굼세정을 실시한다.

3) 이화학용 세제에 담가 둔다(하룻밤~일주일간).

4) 1차 헹굼세정을 순수로 2회 이상 실시한다. 헹굼세정을 초순수로 2회 이상 실시한다. 덧붙여 수계 시료에 대해 즉시 사용하는 경우, 건조는 하지 않아도 된다. 유기용매 시료에 이용하는 경우 수용성 용매로 세정한 후 분석에 이용하는 유기용매로 모두 씻어 사용한다.

5) 건조는 깨끗한 환경하에서 실시한다. 개구부를 아래로 향해 먼지가 들어가지 않게 한다. 세정액도 남지 않게 입구를 아래로 향한다.

- 잔류물의 제거
  용해에 사용한 용매로 세정(오일, 수지의 용해액)
  산으로 세정(무기염, 금속 용해액 : 덮개 부근이 건조해 떨어지기 어렵다)
  (떨어지기 어려운 오염은 하룻밤~일주간 담가 둔다)
- 헹굼세정
  수용성 용매(에탄올, 아세톤, IPA)로 물에 잘 씻겨지도록 한다
  수계 시료의 경우 : 수돗물
- 본 세정
  화학 세제에 담가 둔다(하룻밤~일주일)
- 헹굼세정
  순수 세정
- 산 용출
  질산(1 : 10)에 담가 둔다(하룻밤~사용 직전)
- 1차 헹굼세정
  초순수로 최소 2회 세정(희석의 경우 그대로 사용 가능)
- 건조(깨끗한 환경을 유지한다)
  주의 : 세정액의 분별 폐기 ⇒ 생활폐수로 흘려보내지 않는다

〈그림 4.5〉 무기물계 분석의 세정방법 흐름

 4.2.4 무기물계 초미량 분석용 기구의 세정방법

무기물계의 미량 분석용 기구의 세정방법 흐름도를 〈그림 4.6〉에 나타낸다. 각 단계를 순서에 따라 설명한다.

1) 잔류 시료를 폐기한다.

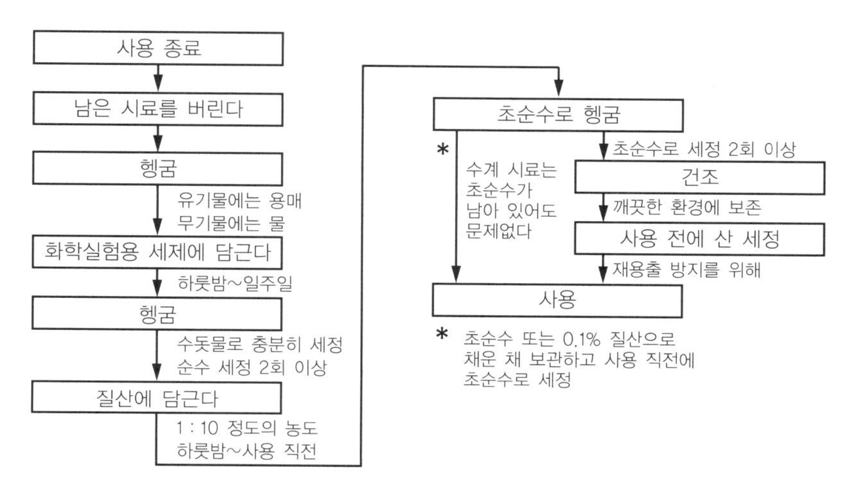

〈그림 4.6〉 초미량 분석용 기류의 세정방법 흐름

2) 헹굼세정을 실시한다.
   - 유기물에는 유기용매를 이용한다. 최종적으로는 물에 잘 씻겨지도록 수용성 용매로 세정한다.
   - 무기물에는 순수를 이용한다.

3) 이화학용 세정제에 담가 둔다(하룻밤~일주일간).
4) 순수로 헹굼세정을 한다.
5) 질산액(1 : 10)에 담가 둔다(하룻밤~일주일간).
6) 초순수로 2회 이상 헹군다.
7) 깨끗한 환경하에서 건조하되 수계 시료의 경우 건조할 필요는 없다(그림 4.6의 *). 즉시 사용한다.
8) 건조한 용기는 사용 전에 질산(1 : 10)으로 세정해 초순수 세정 후 사용한다.

4.2.5 세정기의 일례

[1] 피펫 세정기

피펫 세정기를 〈그림 4.7〉의 왼쪽에 나타낸다. 유리관, 파스퇴르관, 피펫 등을 세정하는 전용기이다. 세정층의 하부에는 초음파 발생장치가 붙어 있는 것도 있다. 세정방법은 세제층과 기구를 넣는 바구니가 있어, 세제층에 바구니를 넣고 담가 두어 세정을

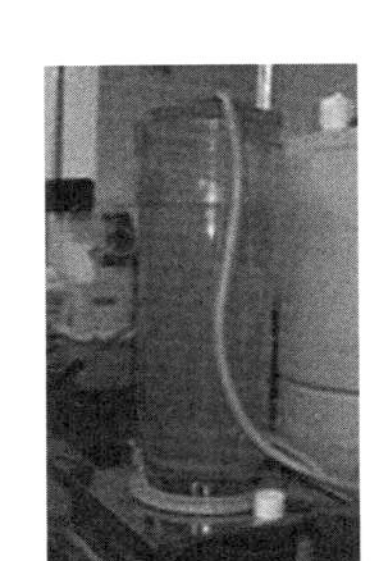

피펫 세정기

• 세제를 넣어 둔다
• 초음파 세정은 단시간에 (흠집에 주의)
• 수돗물로 헹굼세정은 충분히
• 세정기 내에서 건조시키지 않는다
• 수돗물을 넣은 상태에서 방치하지 않는다 (이끼의 발생)

고압증기 멸균기 (오토클레이브)

그림 4.7 피펫 세정기 및 오토클레이브

한다. 헹굼세정은 수돗물을 흘려 사이펀의 원리로 액면을 위아래로 이동시키면서 세정한다. 그 후 기구를 꺼내 순수로 세정해 건조시킨다. 장시간의 방치는 이끼 등의 발생을 일으켜 오염이 들러붙는 경우가 있으므로 주의가 필요하다. 또, 초음파 세정은 장시간 실시하면 외측에 상처가 나므로 주의한다. 세정은 충분히 실시한다. 유리기구를 꺼낸 후는 이끼 등이 발생하지 않게 세정수를 배출한다.

[2] 고압증기 멸균기(오토클레이브)

생체 시료나 생물 시료에 이용한 기구는 세정 후, 고압증기로 멸균처리할 필요가 있다. 〈그림 4.7〉의 오른쪽에 고압증기 멸균기를 나타낸다. 의학·의료 분야에서는 세균오염에 주의해야 하므로 기구 세정 후 고압증기로 멸균처리를 한다.

[3] 유리기구 세정기

유리기구의 세정기를 〈그림 4.8〉에 나타낸다. 플라스크, 메스실린더나 전량 플라스크 등의 목이 긴 기구를 세정하는 경우에 이용한다. 담가 두었다가 하는 세정이나 브러시 세정 등을 실시한 기구의 헹굼세정을 하기 위해서 분수처럼 수돗물을 흘려 신속히 거품을 제거한다. 헹굼세정이 끝나면 순수로 헹군 후 건조는 입구를 아래로 향해 탈수를 확실히 실시한다.

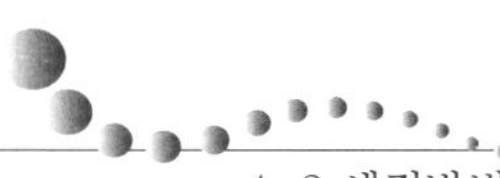

헹굼세정을 확실하게 실시한다.

순수로 헹굼세정 후에
탈수를 확실히 한다.

〈그림 4.8〉 유리기구 세정기

4.2.6 브러시 사용법

브러시를 사용하기 위한 주의점에 대해 〈그림 4.9〉에 나타낸다. 기구를 손상시키지 않는 재질을 선택한다. 또 브러시의 자루는 녹슬지 않은 것, 또는 보호막이 있는 타입을 선택한다.

클린저를 이용하는 경우는 상처가 나기 쉽기 때문에 강력하게 비비지 않는다. 세정 후, 기구에 녹이 슬지 않았는지 확인한다.

〈그림 4.10〉은 브러시의 자루에 의한 오염(녹)이 붙은 전량 플라스크(왼쪽)를 나타내고 있다. 이 경우, 염산에 의해 용해하면 오염을 제거할 수가 있다.

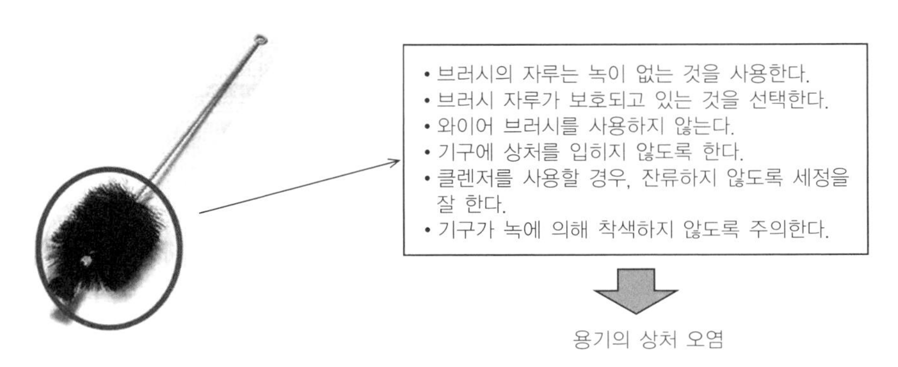

• 브러시의 자루는 녹이 없는 것을 사용한다.
• 브러시 자루가 보호되고 있는 것을 선택한다.
• 와이어 브러시를 사용하지 않는다.
• 기구에 상처를 입히지 않도록 한다.
• 클렌저를 사용할 경우, 잔류하지 않도록 세정을 잘 한다.
• 기구가 녹에 의해 착색하지 않도록 주의한다.
용기의 상처 오염

〈그림 4.9〉 브러시 사용 시의 주의점

〈그림 4.10〉 브러시의 자루에 의한 오염

4.2.7 세정 기준

〈그림 4.11〉은 유리기구의 세정 기준을 나타내고 있다. 외형이 깨끗해도 표면이 다 세정되어 있지 않고, 기름성분이 잔류하고 있는 경우가 있다. 한 번 순수를 통과한 후에도 그림의 우측과 같이 전량 플라스크 표면에 물방울이 남는 경우는 세정 불량이다. 그에 대해 좌측의 전량 플라스크는 물방울이 남지 않고 깨끗하게 세정되어 있다. 한 차례 전면을 물로 씻어낸 후 물방울이 남지 않는 상태가 베스트이다.

〈그림 4.11〉 세정의 목표

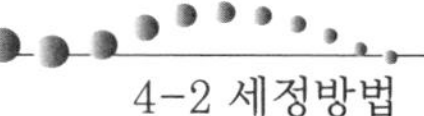

4.2.8 분광광도계용 셀 취급

분광광도계는 액체가 빛을 어느 정도 흡수할지를 보는 장치이므로 시료를 넣는 셀이 오염되어 있지 않는 것이 중요하다. 셀이 오염되어 있으면 흡광도를 정확하게 측정할 수 없다.

〈그림 4.12〉에 흡수 셀을 나타낸다. 셀의 투과면을 손가락으로 직접 대면 지문이 묻어 오염되므로 주의가 필요하다. 셀의 상부에 그려진 선은 빛의 입사광 측에 맞추는 선이다. 이것에 의해 셀의 공작 오차를 없애 측정오차를 작게 한다. 취급은 불투명 유리면을 잡고 투명한 부분에는 물방울이나 얼룩이 없게 부드러운 종이로 닦아 셀 홀더에 넣는다.

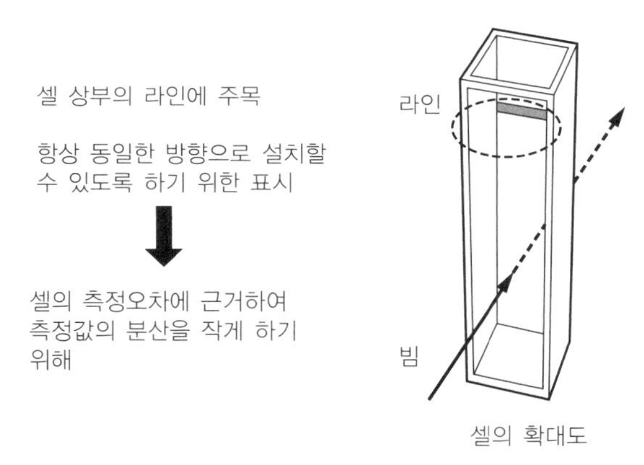
셀 상부의 라인에 주목
항상 동일한 방향으로 설치할 수 있도록 하기 위한 표시
셀의 측정오차에 근거하여 측정값의 분산을 작게 하기 위해
라인
빔
셀의 확대도

〈그림 4.12〉 분광광도계용 셀의 취급

4.2.9 셀의 세정방법

셀의 세정방법은 셀 안에 넣은 시료에 따라 세정방법이 바뀐다. 금속류를 용해한 시료는 묽은 질산 또는 산성 세제를 이용하고, 그 후 중성 세제나 〈그림 4.13〉에 나타낸 셀 전용 세제를 이용한다. 유기물의 경우는 중성 세제 혹은 알칼리 세제를 이용한다. 어느 경우도 세제 안에 셀을 담가 세정하는데 알칼리 세제의 경우는 단시간에 꺼낸다. 특히 심한 오염의 경우는 〈그림 4.13〉과 같이 면봉으로 부드럽게 비벼 오염을 제거한다. 초음파 세정기는 상처가 나기 쉽고 맞닿은 부분이 떨어져 나가므로 이용하지 않는다.

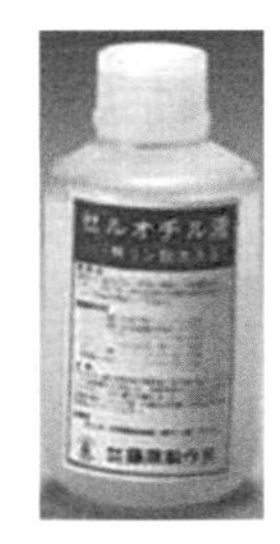

셀 전용 세제

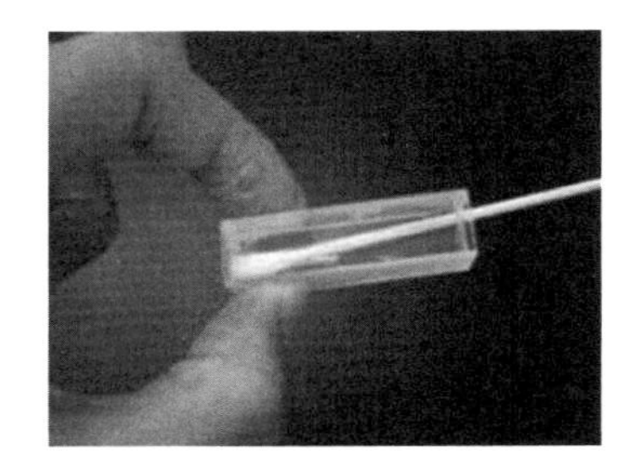

면봉에 의한 세정

〈그림 4.13〉 셀 전용 세제와 심하게 오염된 셀의 세정

 4.2.10 기구

피펫의 건조에 피펫대를 이용하는 경우가 있는데 미량분석의 경우, 실내로부터의 오염을 고려할 필요가 있다. 기구류의 건조는 고온을 피해 깨끗한 상태로 건조시킨다. 〈그림 4.14〉(왼쪽) 상태에서의 건조는 실험실 내로부터의 오염으로 연결된다. 〈그림 4.14〉(오른쪽)는 양호한 환경하에서 건조하는 상태이다.

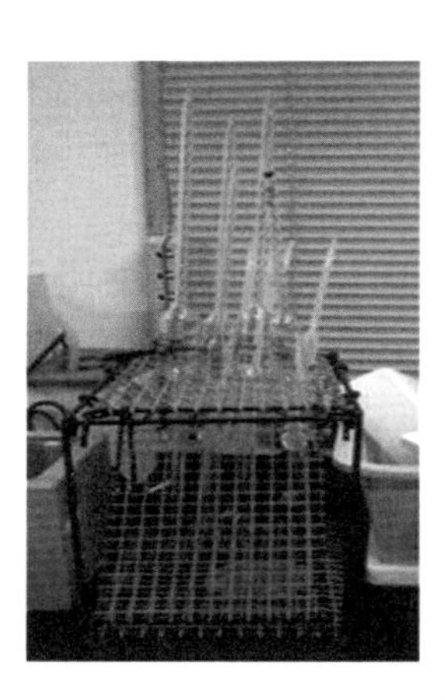

〈그림 4.14〉 기구의 건조

 4.2.11 기구의 보관

세정한 기구의 보관방법을 〈그림 4.15〉 및 〈그림 4.16〉에 나타낸다.

1) 세정 후 건조시킨 기구의 보관은 중요하다. 〈그림 4.15〉 왼쪽과 같이 피펫대에 그대로 두는 것은 보관이 아닌 방치이며 오염의 원인이 된다. 〈그림 4.15〉 오른쪽 위와 같이 피펫의 종류나 용량 등을 맞춘 랙(rack)에 넣어 보관한다.
2) 〈그림 4.15〉 오른쪽 아래와 같이 분석방법별로 기구류를 정리해 표시하고, 보관을 하면 다른 분석에 사용하는 시약으로부터의 오염을 피할 수 있다.
3) 다량으로 존재하는 기구의 경우 종류별로 나누어 보관한다. 이렇게 혼재한 곳에서 꺼낼 때의 파손이나 오사용을 피할 수가 있다. 〈그림 4.15〉 오른쪽 위와 같이 전용 보관 랙을 이용한다.
4) 〈그림 4.16〉에 나타내듯이 보관에 즈음해 먼지가 들어가지 않게 기구 입구에 뚜껑을 한다. 이때 공용마개가 있는 것이 가장 좋다. 랩이나 알루미늄 포일 등의 대용품을 이용하는 경우는 분석법에 따라 주의를 필요로 한다. 랩은 무기물의 분석에, 알루미늄 포일은 유기물의 분석에 사용할 수 있지만 그 반대는 적합하지 않다.

수지제 랩은 유기분석 시 재질로부터의 오염이 일어난다. 알루미늄 포일은 무

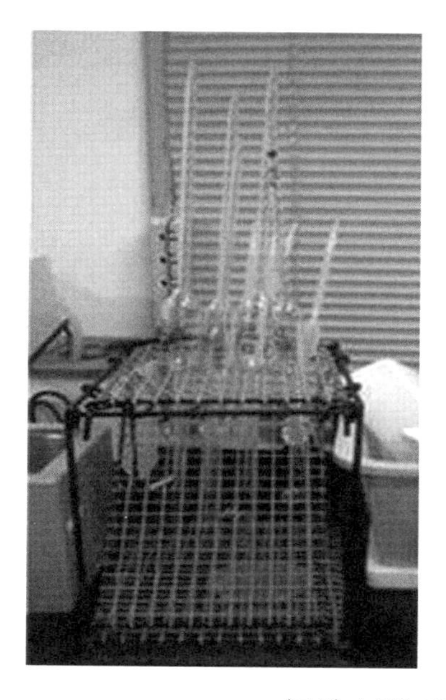

전용 보관 랙

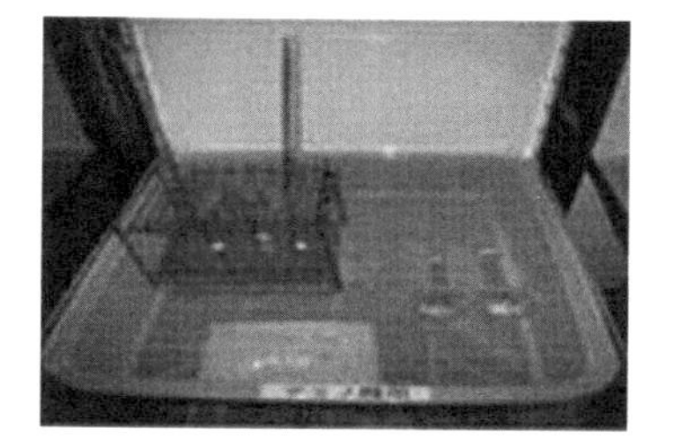

〈그림 4.15〉 기구의 보관방법(1)

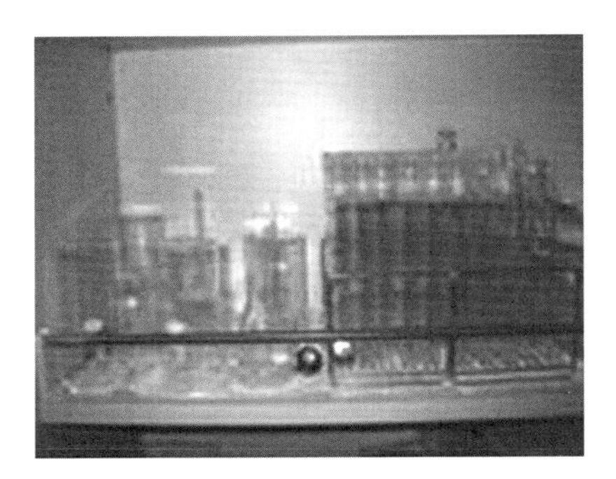

〈그림 4.16〉 기구의 보관방법(2)

기분석을 할 때 금속오염도 있다. 이와 같이 사용하는 분야별로 마개의 종류를 선택할 필요가 있다.

4.2.12 마이크로 피펫용 팁

팁의 세정은 기본적으로 실시하지 않는다. 수지제이며 내부가 가늘기 때문에 세정액이 들어가기 어렵기 때문이다. 또, 세제로부터의 헹굼세정이 불충분하게 되기 쉽다. 게다가 팁으로부터의 액떨어짐을 좋게 하기 위해 박리제가 도포되어 있는 케이스가 많아 세정해 버리면 기능이 저해된다. 팁은 일회용이 가장 좋다. 〈그림 4.17〉에 팁 장착 방법을 나타낸다. 직접 랙으로부터 장착한다.

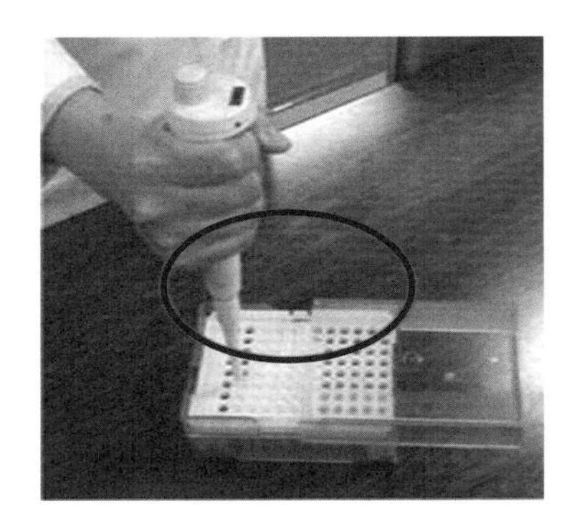

〈그림 4.17〉 마이크로 피펫용 팁

4.2.13 시료 도입계의 세정[1)]

[1] 원자흡광분석장치

일반적인 세정의 경우 사용 후 10분에서 15분 정도 순수를 분무해 챔버나 버너 헤드의 오염을 뺀다. 그러나, 고농도의 시료를 측정한 후에는 염류가 남아 있는 경우가 있어, 베이스라인이 불안정해질 수도 있다. 버너 헤드를 떼어내 버너 슬롯의 세정을 실시한다. 긴급한 경우 〈그림 4.18〉에 나타내듯이 산의 이용이 유효하다. 1M의 염산을 분무하고 그 후 순수로 바꾸는 것을 2~3회 실시하면 염류가 제거된다.

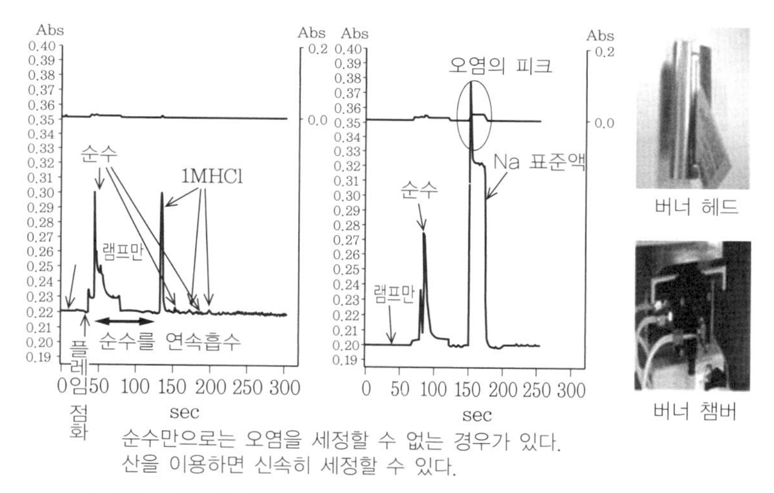

〈그림 4.18〉 원자흡광분석장치의 버너 챔버와 버너 헤드의 오염

[2] ICP 발광분광분석장치

ICP 발광분광분석장치의 도입계나 토치부의 세정은 세제에 의한 세정 후 산에 의한 담금 세정이 많다. 그러나 〈그림 4.19〉와 같이 붕소와 유리가 반응함으로써 피크가 존재해, 그것을 산 세정으로는 제거되지 않는 것이 있다. 이 경우, 표면과 반응하고 있으므로 표면을 유기 알칼리 세제 등으로 벗기는 방법이 유효하다. 유기 알칼리(TMSC)를 10배로 희석한 것을 1분 정도 분무한 후, 순수를 분무해 유기 알칼리를 제거한다.

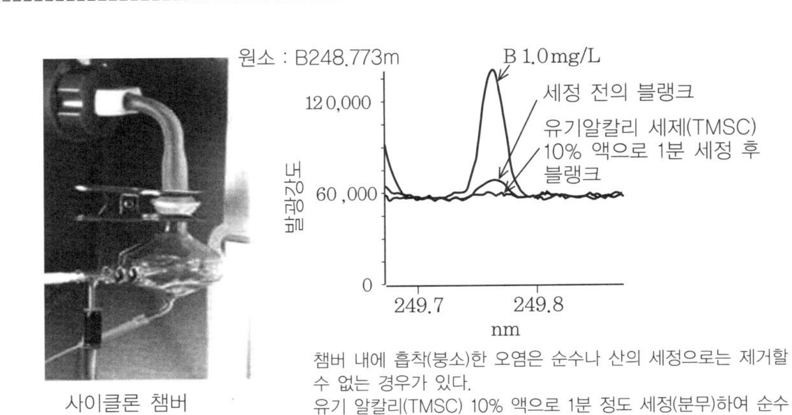
원소 : B248.773m
B 1.0mg/L
세정 전의 블랭크
유기알칼리 세제(TMSC)
10% 액으로 1분 세정 후
블랭크
120,000
60,000
0
발광강도
249.7
249.8
nm
사이클론 챔버
챔버 내에 흡착(붕소)한 오염은 순수나 산의 세정으로는 제거할
수 없는 경우가 있다.
유기 알칼리(TMSC) 10% 액으로 1분 정도 세정(분무)하여 순수
세정하면 오염된 블랭크 피크가 없어진다.

〈그림 4.19〉 ICP 발광분광분석장치 시료 도입계의 오염

4-3 희석

분석을 하는 경우, 표준시료나 시료의 용해나 희석이 필요하게 된다. 그때 희석하는 용액이 작용에 크게 영향을 준다. 여기에서는 희석액으로서 순수의 해설, 희석방법의 주의, 희석하는 용기, 마지막으로 용매에 대해 설명한다. 또한, 순수에 대해서는 다른 항에서 상세하게 해설하고 있으므로 참조하길 바라다.

4.3.1 분석에 이용하는 물[2)]

분석에 이용하는 물에 대한 정의가 JIS K 0557에 있다.

이 경우, 전기 전도도[μS/cm]로 표현되고 있지만, 최근에는 비저항값[MΩ·cm]을 이용하는 경우가 많다. 〈표 4.1〉에 각 순수의 불순물 양을 나타낸다. 〈표 4.2〉에는 비저항과 전기 전도도의 관계를 나타낸다. 〈표 4.3〉에는 희석수의 종류를 나타낸다.

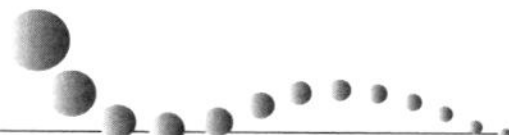

〈표 4.1〉 용수·폐수 시험에 이용하는 물(JIS K 0557)

항목	종별 및 질			
	A1	A2	A3	A4
전기 전도도 mS/m(25℃)	0.5 이하	0.1 이하	0.1 이하	0.1 이하
유기체 탄소(TOC)mgC/L	1 이하	0.5 이하	0.2 이하	0.05 이하
아연 μgZn/L	0.5 이하	0.5 이하	0.1 이하	0.1 이하
실리카 $\mu gSiO_2/L$	−	50 이하	5.0 이하	2.5 이하
염소 이온 $\mu gCl^-/L$	10 이하	2 이하	1 이하	1 이하
황산 이온 $\mu gSO_4^{2-}/L$	10 이하	2 이하	1 이하	1 이하

〈표 4.2〉 비저항과 전기 전도도의 관계

비저항값	18.248	18	15	10	1	0.1	0.025	0.0063	0.0032
전기 전도도	0.055	0.056	0.097	0.1	1	10	40	158.73	312.5

표시 단위(25℃) : 비저항값 : MΩ·cm 전기 전도도 : μS/cm

물의 순도를 높이면 물 중의 이온이 없어지고 전기가 통하기 어려워진다.
저항값(비저항)도 커진다.

〈표 4.3〉 희석에 이용하는 물의 종류

물의 종류	비저항값(MΩ·cm) (비저항값이 낮을수록 이온량이 많다)	용도	주의점
수돗물	0.01	세정수	미립자, 쇠녹
RO(역삼투)수	0.5	전처리수	공급수에 의해 순도가 변화
증류수	0.5~1	희석수	솥의 재질로 불순물이 증가
이온교환수	1~10	희석수	공급수의 수질로 변화하기 쉽다.
초순수	18	희석수	만든 것을 사용

* 이론 순수 18.2~18.3MΩ·cm at 25℃

RO(역삼투)수, 증류수, 이온교환수를 일반적으로 순수라고 부른다.

4.3.2 희석 시 초순수 장치의 사용상 주의점

희석에 초순수를 이용하는 경우, 초순수 장치(그림 4.20)로부터 제조된 직후의 용수를 이용한다. 초순수는 제조 직후 상태이며 장기 보존하면 상태가 변화한다. 또한, 일시 보존하는 용기에 의해 변화를 일으킨다. 그 때문에 별도 용기에 대량 보존은 하지 않는다. 분석 용도에 따라 용기의 재질을 고려할 필요가 있다.

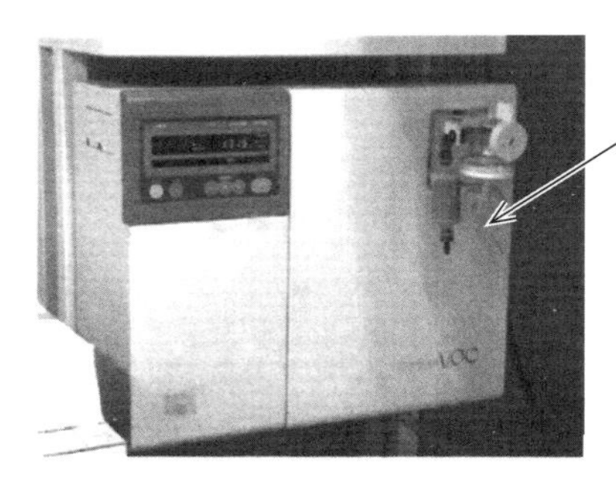

희석에 이용하는 순수가 오염되어 있으면 어쩔 수 없다.

사용용기의 종류

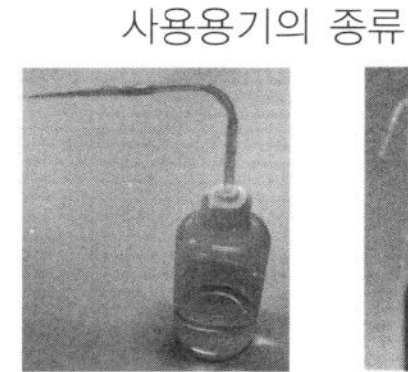

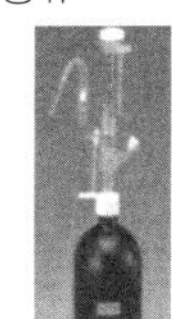

〈그림 4.20〉 초순수 장치

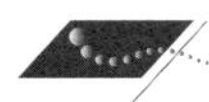

4.3.3 희석수의 보관 용기

〈그림 4.21〉에 나타내듯이 분석 용도에 따라 희석하기 위한 용기를 구분하여 사용할 필요가 있다. 예를 들면, 일정량을 꺼내는 디스펜서의 경우 재질 성분으로부터 용출이 있는 경우가 있다. 유기 분석에서는 유리제 용기를 이용해 소량을 적하하는 경우는 유리제 파스퇴르 피펫을 이용해 유기물의 용출을 억제한다. 무기 분석에는 알칼리계 금속이 용출되기 쉽기 때문에 수지제 재질의 세정병 등을 이용한다.

유기물 분석용

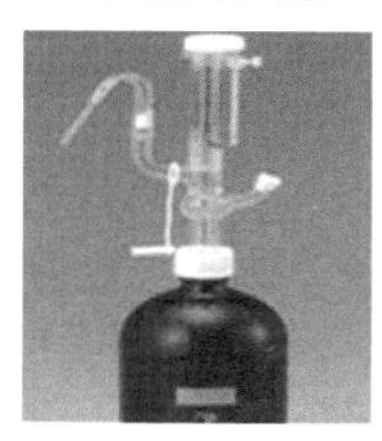

디스펜서
유리제

무기물 분석용

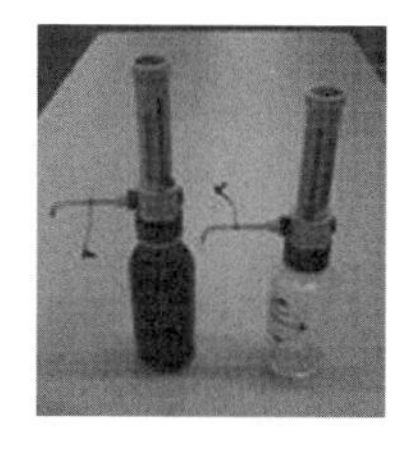

디스펜서
수지제

유기물이 용출하지 않는
재질을 이용한다.

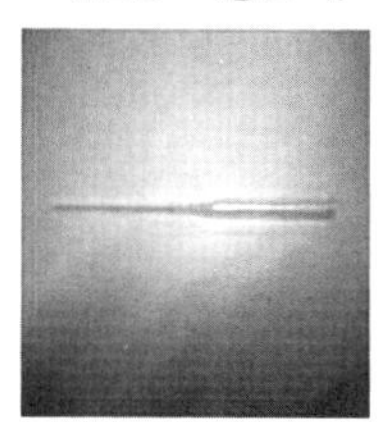

파스퇴르 피펫
유리제

무기물이 용출하지 않는
재질을 이용한다.

세정병
수지제

〈그림 4.21〉 희석하기 위한 기구

4.3.4 희석에 이용하는 용액의 주목점

희석에 있어서의 용액의 주목할 점을 나타낸다. 분석하는 분야에 따라 주목하는 내용이 다르다. 이러한 포인트를 이해하고 이용할 필요가 있다. 1)에 무기물 분석의 주목점, 2)에 유기물 분석의 주목할 점을 나타낸다.

1) 무기물 분석

- 순수 중의 이온량이 적은 것을 이용한다(블랭크 피크나 흡광도가 적은 것).
- 고순도 물을 사용한다.
- 순도가 높은 시약

2) 유기물 분석

- 전 유기체 탄소 TOC(Total Organic Carbon)가 적은 순수를 사용한다(미생물의 발생을 억제하는 방법 : UV 조사).
- 보존된 순수를 이용하지 않는다(작성 후에는 처리장치 내를 순환해 항상 고순도를 유지한다).
- 순도가 높은 시약

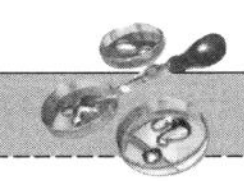

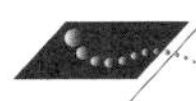

4.3.5 분석방법에 있어서 순수 영향의 일례

[1] 분광광도법[3]

일반적인 유리 기구의 세정은 세제 세정 후 수돗물로 헹구고 초순수 헹굼세정을 실시한다. 〈그림 4.22〉에 수돗물을 포함해 각 희석수에 따른 분광광도법의 흡수 스펙트럼 차이를 나타낸다. 희석수의 종류에 따라 자외 영역의 흡수가 나오므로 순도가 높은 순수를 이용한다. 특히 수돗물은 250nm 이하의 자외 영역에 강한 흡수가 있으므로 이러한 영역에서의 분광광도법을 이용하는 경우는 초순수로 기구를 정성스럽게 세정할 필요가 있다. 기구의 세정이 불충분하면 흡수가 나오는 경우가 있다.

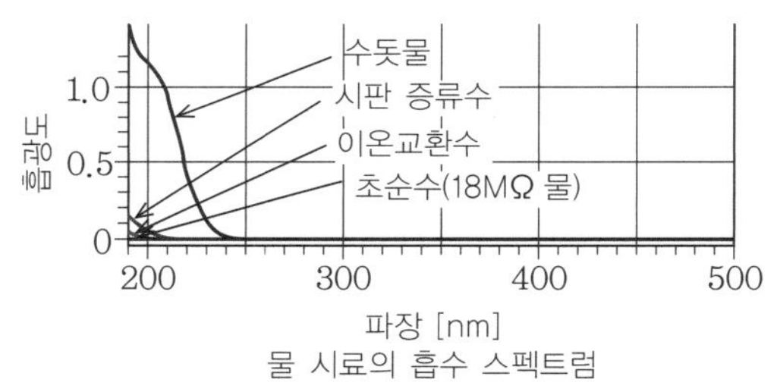

〈그림 4.22〉 분광광도법에서 희석수의 영향

[2] 형광광도법[4]

형광광도법은 여기광을 시료에 조사하여 물질이 존재하면 발광을 일으킨다. 〈그림

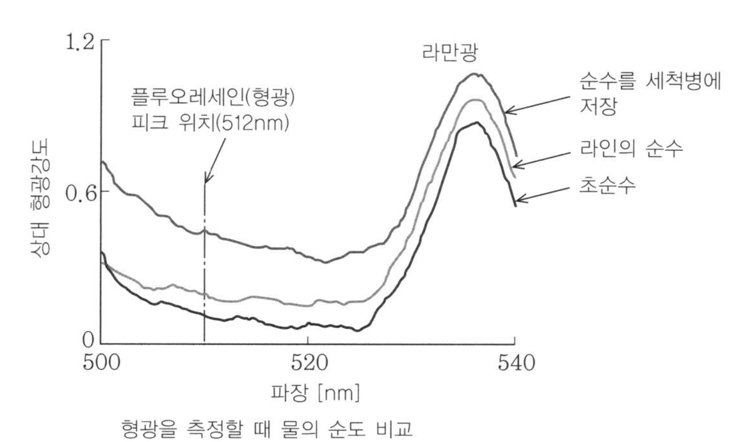

〈그림 4.23〉 형광광도법에서 희석수의 영향

4.23>에 각 순수의 형광 스펙트럼을 나타낸다. 순도가 높은 순수를 이용하지 않으면 백그라운드가 높아져 데이터 불량이 된다. 초순수를 보존한 경우 공기 중의 불순물이 용해한 데이터와 같아진다. 이때 비저항값은 초순수가 18.2MΩ·cm이며 순환되고 있는 라인으로 공급되고 있는 순수는 18.0MΩ·cm였다. 수치적으로는 초순수로 되어 있지만 이와 같이 백그라운드가 높아지는 영향이 나온다.

[3] 원자흡광분석법[5]

희석이나 농도 제로를 측정하는 데 순수를 이용한다. 원자흡광분석법에서의 플레임은 보통 공기와 아세틸렌만의 경우 엷은 청색을 나타낸다. 거기에 희석수의 순수를 도입하더라도 색의 변화는 없다. 그러나 순도가 나쁜 경우는 불꽃이 색을 띠고 흡광을 나타내 버린다. 이 때문에 분석오차를 일으키는 일이 있다. 장시간 보존된 순수나 시료 측정 후의 블랭크 수(水)는 오염되어 있는 경우가 많기 때문에 계속해서 사용하지 않고 새로운 순수를 이용한다. <그림 4.24>에 원자흡광분석장치의 플레임 모습을 나타낸다. 또, 분석조작 중의 1) 주의점과 2) 트러블의 예를 나타낸다.

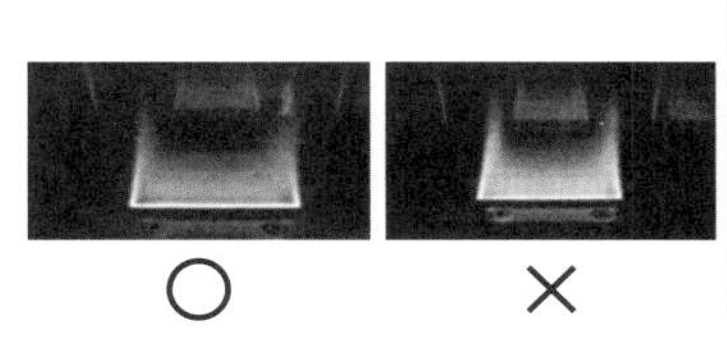

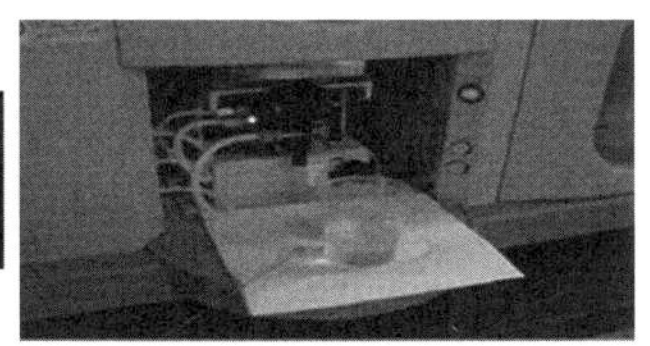

1) 주의점
블랭크 수(순수)를 흡입했을 때에 플레임이 색을 띠면 주의. 오토제로에서는 해소할 수 없는 블루(산화불꽃) 상태이므로 문제없다.
베이스라인의 변화(흡수)가 없는지를 확인한다.

2) 트러블 예
블랭크 수(순수)를 흡입시키고 오토제로를 누른다.
표준액을 흡입시키고 검량선을 작성해 정량분석을 했지만 감도가 없고 재현성도 나쁘다.
이유 : 블랭크 수(순수)가 오염되어 있고, 제로점이 설정되었다. 제로점이 변화해 재현성이 없다.
흡광도가 낮아지는 등의 현상을 일으킨다.

<그림 4.24> 원자흡광분석법에서 순수의 영향

[4] 고속 액체 크로마토그래피[6]

용리액을 고속 액체 크로마토그래피에서 초순수와 아세토니트릴의 비율을 서서히 변화(그래디언트)시켜 분석한 데이터를 〈그림 4.25〉에 나타낸다. 보존한 순수를 사용하면(그림 4.25 상부의 스펙트럼) 공기 중의 불순물이 용해해 불순물의 피크가 검출되어 버린다. 한편, 새로 구입한 순수를 이용했을 경우(그림 4.25 하부의 스펙트럼)는 대부분의 불순물의 피크가 없는 것을 알 수 있다. 이것은 초순수 제조장치 속에서 유기물(TOC)이 자외선 조사에 의해 분해되어 있기 때문으로 채수 직후에 이용했을 경우는 이 영향이 적다. 따라서 미량분석에 있어서는 새로 구입한 초순수를 사용하는 것이 중요한 내용이 된다.

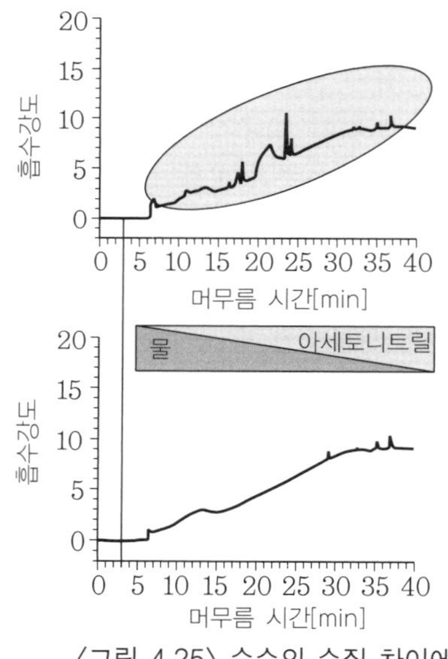

〈측정 조건〉
칼럼 : HITACHI LaChromC18-AQ (5μm)
4.6mmID.×150mm
용리액 : A : 순수 또는 자외선 조사한 초순수
B : 아세토니트릴

그래디언트 프로그램

	A	B
0.0	100	0
30.0	0	100
40.0	0	100
40.1	100	0
60.0	100	0

유량 : 1mL/min
칼럼 온도 : 30℃
검출파장 : 210nm

〈그림 4.25〉 순수의 수질 차이에 따른 HPLC 크로마토그램 비교

4.3.6 HPLC의 용리액 제조

보통 A, B 2종의 수용액을 혼합하는 경우, 다른 한쪽의 액에 더해 정용(定溶)하는 경우가 많다. 즉, A액 농도 10% 액을 100mL 만드는 경우 A액을 10mL 취해 전량 플라스크에 넣고, 나머지 90mL는 B액을 더해 마지막으로 B액으로 표선에 맞추면 좋다. 그러나, HPLC의 용리액은 비율로 표시되고 있는 경우가 많으므로 주의를 필요로 한다. 〈그림 4.26〉과 같이 50 : 50액을 제작하는 경우, 양 액을 각각 100mL 더했을 경

우와 다른 한쪽의 액을 정용했을 경우에서는 액의 농도가 바뀌어 버린다. HPLC는 분리된 피크의 위치(리텐션 타임)를 계측하기 때문에 용액의 농도가 바뀌면 피크의 위치가 어긋나 버린다.

[1] 용액 조제방법에 따르는 머무름 시간[7]

〈그림 4.27〉은 용리액의 제작방법의 차이에 의해 머무름 시간이 다른 모습을 나타내

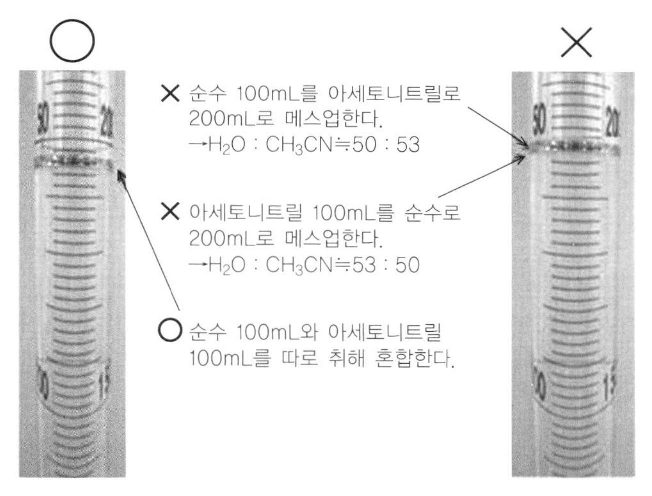

○
×
× 순수 100mL를 아세토니트릴로 200mL로 메스업한다.
→H_2O : CH_3CN≒50 : 53
× 아세토니트릴 100mL를 순수로 200mL로 메스업한다.
→H_2O : CH_3CN≒53 : 50
○ 순수 100mL와 아세토니트릴 100mL를 따로 취해 혼합한다.

〈그림 4.26〉 고속 액체 크로마토그래피에서의 용리액 제조

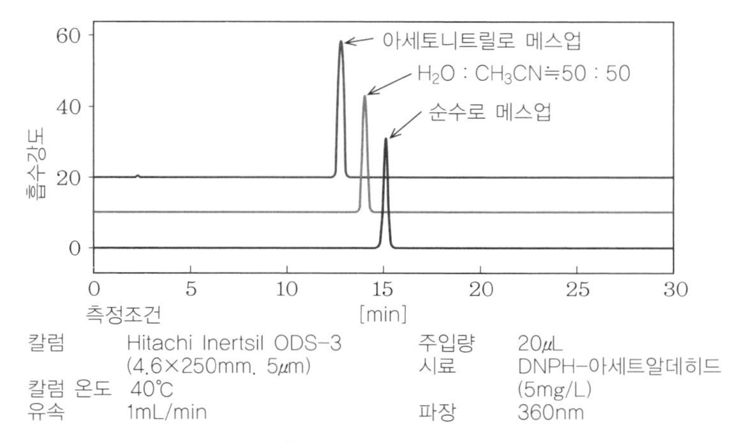

〈그림 4.27〉 혼합법에 따른 머무름 시간의 변화

고 있다.

순수와 아세토니트릴(CH_3CN)을 각각 기준으로서 다른 쪽의 액으로 2배 희석하기 위해 정용하고, 또 50 : 50의 비율로 혼합한 액을 이용해 아세트알데히드의 분리 위치를 측정했다. 혼합방법이 다른 것에 의한 농도 변화로 분리 위치가 어긋나 있는 것을 알 수 있다.

4.3.7 희석수의 pH

시료를 조제하는 경우, 순수만으로 희석한 경우 중성 상태가 많다. 예를 들면, 분광광도계를 이용하여 물질을 분석하기 위해 발색제를 이용하는 일이 많은데 pH에 주의할 필요가 있다. 물질에 따라서는 발색 불량이 되는 경우가 있다. 이 점에서 최적의 pH가 있는 것을 알 수 있다.

[1] 분광광도계(6가 크롬의 분석)[8)]

6가 크롬의 분석에 디페닐카르바지드를 이용해 발색시키지만, 이때에 황산의 첨가가 필요하다. 〈그림 4.28〉에 황산 첨가량을 변화시켰을 때 pH와 흡광도의 관계를 나타냈다. pH3 이하의 산성 측에서는 흡광도가 안정되지만, 알칼리 측에서는 발색하고 있지 않는 것을 안다. 이 결과에 의해 최적인 pH는 pH3으로 조정한다.

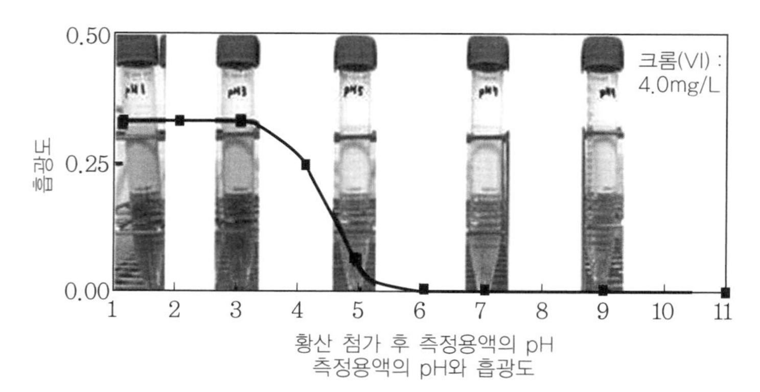

〈그림 4.28〉 6가 크롬의 pH와 흡광도

[2] 형광광도계

플루오레세인의 형광강도[9)]를 측정하는 데 수산화나트륨을 이용해 희석한다.

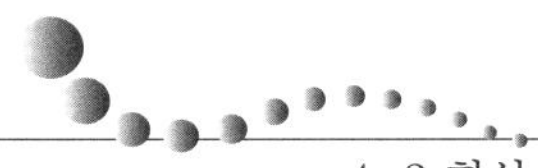

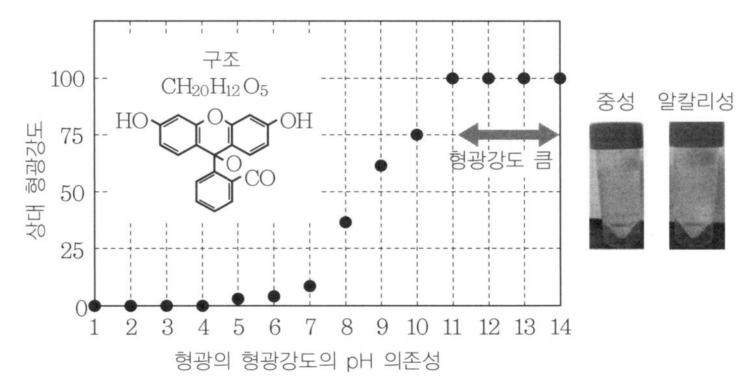

〈그림 4.29〉 플루오레세인의 pH와 형광강도

희석한 액의 형광강도를 측정한 결과 그래프를 〈그림 4.29〉에 나타낸다. 이때 인산 완충액의 양에 따라 pH가 변화하고 형광강도가 변화한다. pH11 이상에서 안정된 형광강도를 얻을 수 있다. 이와 같이 시료에 따라서는 pH에 따라 형광강도가 변화한다. 특히 형광성 분자에 수산기나 아미노기가 있는 경우, 그 산 해리상수에 따라 스펙트럼이나 형광강도가 크게 변화한다.

[3] 원자흡광분석장치

원자흡광분석법에서는 산성용액으로 희석하도록 지시되는 경우가 있지만, 알칼리계 희석의 경우 pH에 주의하는 것이 필요하다. 〈그림 4.30〉의 상단은 나트륨의 표준액 1,000mg/L를 순수로 0.2mg/L, 0.5mg/L, 1.0mg/L로 희석해 측정한 데이터를 가리키고 있다. 결과는 반등하는 검량선이 되고 있다. 그때의 pH를 측정해 보았다.

0mg/L : pH7.4, 0.2mg/L : pH7.0, 0.5mg/L : pH6.9, 1.0mg/L : pH6.8로 농도가 높아짐에 따라 산성 측으로 되어 있다. 한편, 〈그림 4.30〉의 하단의 경우 질산을 1%(V/V)*가 되도록 첨가한 검량선은 직선이며 흡광도가 1.4배 향상되었다. 이와 같이 표준액 사이에서도 pH의 영향이 있으므로 시료와 표준액의 pH를 맞출 필요가 있다. 또한, 조제하는 용기의 영향으로부터 산성액으로 한 것에 따라 용질에 주의가 필요하고 데이터는 유리용기를 이용함으로써 전체적으로 좋은 결과를 내고 있는 것을 알 수 있다. 이 경우 수지제 용기를 사용한다.

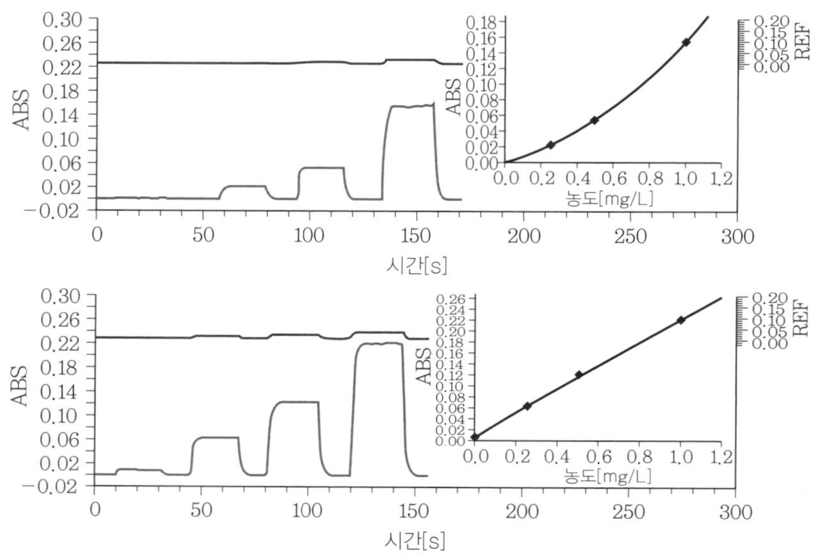

〈그림 4.30〉 원자흡광분석장치의 pH 영향

4-4 희석 용구의 재질

미량의 무기물 분석에 있어 시료를 희석하는 기구의 재질은 중요하다. 〈그림 4.31〉에 유리제와 수지제의 전량 플라스크를 나타낸다. 유리제 전량 플라스크는 주로 붕규산 유리로 만들고 그 조성을 〈표 4.4〉에 나타낸다. 많은 원소가 %의 농도로 형성되고 있기 때문에, 산에 의한 담금이나 상처 등에 의해 용출하는 경우가 있어 μg/L급의 분석에는 맞지 않는다.

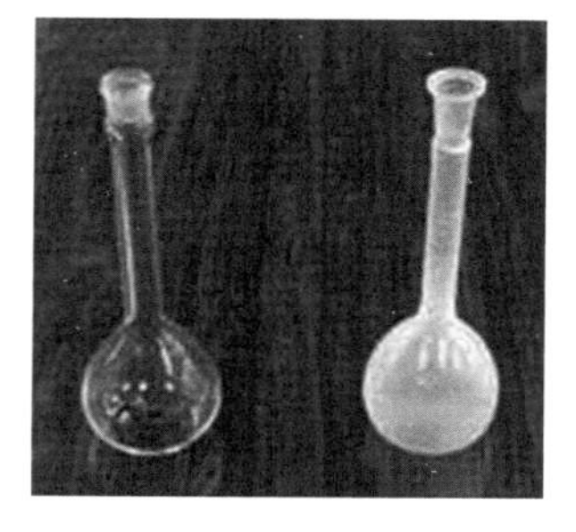

〈그림 4.31〉 유리제 전량 플라스크와 수지제 전량 플라스크

〈표 4.4〉 대표적인 붕규산 유리의 조성

조성	[%]
SiO_2	80.90
B_2O_3	12.70
Al_2O_3	2.30
Na_2O	4.00
K_2O	0.04
Fe_2O_3	0.03
기타	0.03

4.4.1 전량 플라스크의 재질과 금속의 용출

용기의 재질 종류에 따른 용출시험을 하였다. 유리제, 폴리프로필렌제(PP), 폴리프로필렌제(무금속), 폴리에틸렌제(PE), 테플론제(PTFE) 재질을 이용하여 각 전량 플라스크 100mL 타입으로 실시했다. 용출방법은 각 기구에 질산 1M 용액을 채우고, 1시간 방치한 순수로 세정한 용기에 순수를 넣어, 제조 직후와 6일간 방치한 용액을 ICP-MS로 분석한 결과를 〈그림 4.32〉에 나타낸다. 유리 타입은 제작 직후부터 알칼리계 원소가 용출되고 6일 후에는 Al, Fe, Zn 등이 용출하고 있다.

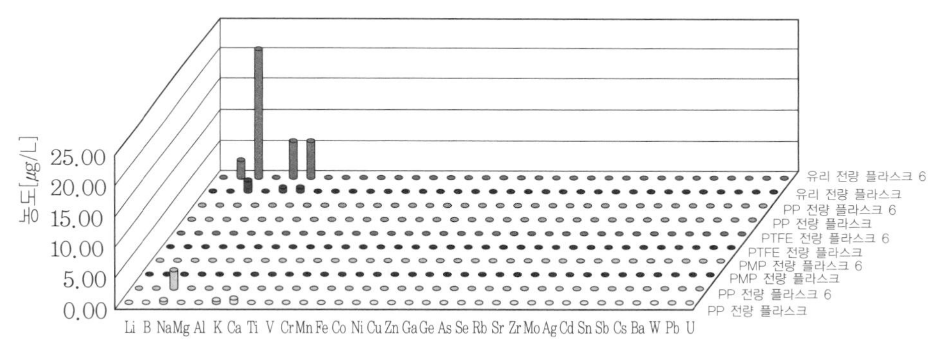

〈그림 4.32〉 각종 재질에 따른 금속의 용출시험

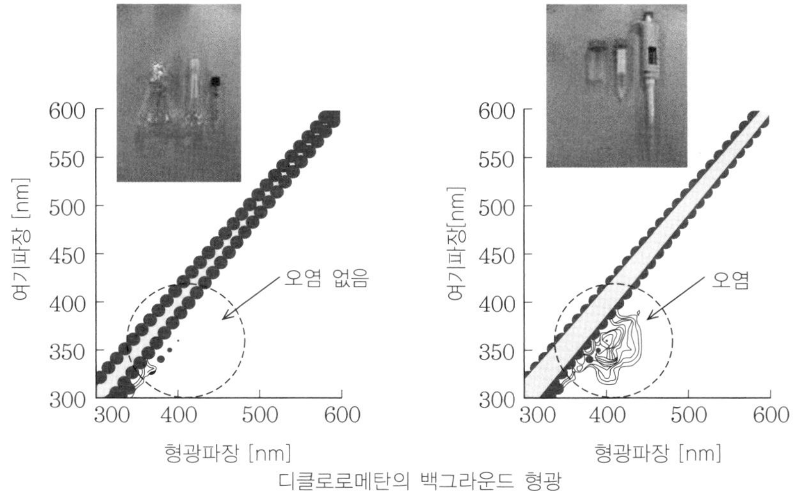

〈그림 4.33〉 플라스틱 용기 사용에 따른 오염 예

4.4.2 형광 광도계에 이용하는 기구[10)]

형광 광도법에서 시료를 희석할 때, 기구의 재질에 따른 영향이 나오는 일이 있다.

〈그림 4.33〉에 나타내듯이 디클로로메탄을 유리제 기구로 제조한 시료는 오염에 의한 형광은 없었다. 거기에 대해 수지제 용기에 디클로로메탄을 넣은 후 측정하면 오염에 의한 형광이 나온다. 이것은 수지로부터 형광물질이 용출되었기 때문으로 생각된다. 형광법에 있어서는 사용하는 용기에 주의하지 않으면 안 된다. 유기용매를 사용할 때 플라스틱 기구는 절대로 사용해서는 안 된다.

4-5 유기용매의 등급[11)]

희석에 이용하는 유기용매의 등급에 주의할 필요가 있다. 〈그림 4.34〉에 나타내듯이 아세토니트릴이나 메탄올의 흡수 스펙트럼에서는 순도에 따라 자외부의 백그라운드 흡수가 일어나 영향을 준다. 그 때문에 사용하는 유기용매의 등급을 선택해 이용한다.

데이터와 같이 HPLC 등급과 특급 시약과는 자외부의 백그라운드 흡수에 차이가 난다. 미량분석에서는 큰 영향이 발생한다.

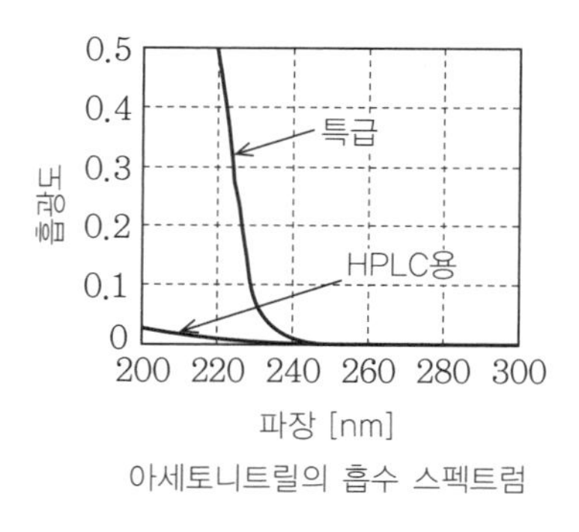

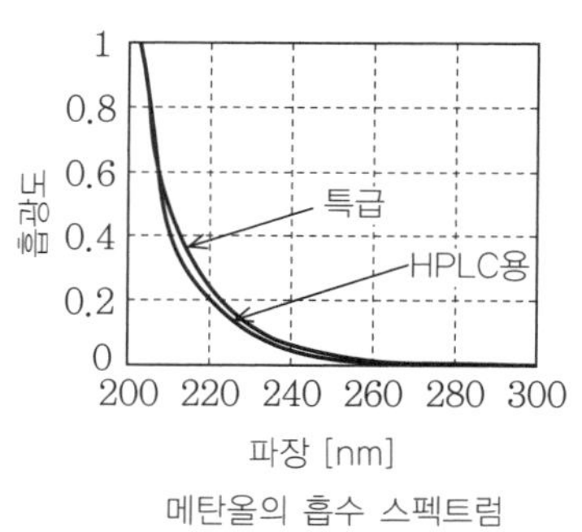

〈그림 4.34〉 희석에 이용되는 유기용매의 등급

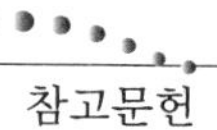

【참고문헌】

1), 5) 日立ハイテクセミナ　原子吸光編

2) JIS K 0557：1998「用水・排水の試験に用いる水」

3), 8), 11) 日立ハイテクセミナ　分光編

4), 9), 10) 日立ハイテクセミナ　蛍光編

6), 7) 日立ハイテクセミナ　HPLC 編

제 5 장

검량선 작성과 검출한계·정량하한값

5-1 처음에

화학분석은 크게 나누어 2가지 분석방법이 있다. 하나는 **정성분석**으로 "무엇이 있는가?" 혹은 "이것은 어떠한 것인가?"라고 하는 '성질'을 분석하는 방법이다. FT-IR이나 NMR를 이용해 관능기를 특정하여 구성물질을 특정하는 방법 등이 여기에 해당한다. 다음은 **정량분석**인데, 이는 '양'을 분석하는 방법으로 경우에 따라서는 '농도'가 여기에 해당한다.

정량분석에서 그 농도(양)를 구할 때 필수가 되는 것이 검량선이다. 검량선은 분석장치에 의해 얻어진 신호를 농도로 환산하기 위해서 사용된다. 검량선은 영어로는 'calibration curve'이고, 이 'calibration'라고 하는 단어에는 '교정'이라고 하는 의미를 포함한다. 시판하는 전압이나 저항을 계측하는 테스터도 실제로는 내부의 신호값을 표시값으로 변환하기 위한 교정이 이루어지고 있고, 수은 온도계도 체적팽창을 온도로서 표시하기 위한 눈금이 표시되어 있는데 이것도 교정의 하나가 된다. 이와 같이 대부분의 계측기기·분석기기에 대해 'calibration'은 필요 불가결하다고 말할 수 있다.

테스터나 온도계와 같은 계측기기에 대해서는 그 교정이 미치는 요인이 적고, 한 번 교정을 실시해 출시된 것을 사용할 뿐, 혹은 1년에 1회 정도의 교정이 많은데 교정이 필요한 경우도 대체로는 제조사나 교정을 생업으로 하는 기업에 의해 행해진다.

한편, 분석기기의 경우는 변동요인이 많아 분석 시마다 검량선을 작성해 측정할 필요가 있다. 검량선이 올바르게 작성되어 있지 않으면 당연히 올바른 측정결과를 얻을 수 없다. 또, 검량선과 미지시료의 특성을 맞추지 않으면 아무리 검량선 자체가 올바르다고 해도 올바른 분석결과로 연결되지 않는다. 이 장에서는 검량선의 작성방법이나 검량선의 종류, 거기에 부수해 정량분석에 있어서 반드시라고 해도 좋을 만큼 검출한계나 정량하한이라고 하는 수치 개념의 기초적인 내용에 대해 설명한다.

5-2 검량선 작성

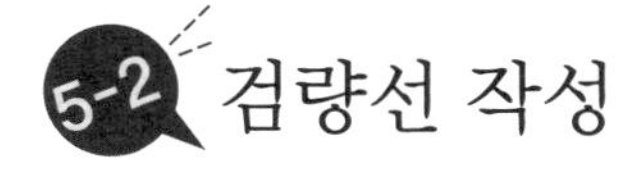

5.2.1 검량선용 용액의 제조

여기서는 우선 기본적인 검량선용 용액의 제조방법에 대해, 일례로서 원자흡광분석이나 ICP 발광분광분석, ICP 질량분석의 경우를 들어 해설한다. 검량선용 용액은 보통 시판하는 측정 대상성분을 포함하고 있는 표준액을 희석해 제조한다. 또, 순물질을 스스로 용해해 희석하는 것도 가능하다. 검량선용 용액은 보통 블랭크(농도 제로가 되는 점)를 포함해 몇 점 준비한다. 분석방법에 따라 다르지만 적어도 4점 이상은 준비하는 편이 좋다.

또, 검량선 용액의 농도는 분석 대상시료의 농도가 그 범위에 포함되도록(내삽으로 불린다, 그림 5.1) 조제한다. 또, 농도의 간격에 대해서는 0, 1, 10, 100과 같이 지수적으로 하는 것보다 0, 5, 10, 15와 같이 같은 간격으로 함으로써 보다 좋은 정확도를 얻을 수 있지만, 요구되는 정확도나 시료가 가진 농도범위 등으로부터 농도를 결정한다.

측정 대상성분이 복수인 경우 시판되는 표준액을 혼합하는 경우가 있지만, 이 경우 혼합하는 용액의 액성이나 불순물이 서로 영향을 주는 일이 있기 때문에 주의가 필요하다. 이하에 2개의 구체적인 예를 든다.

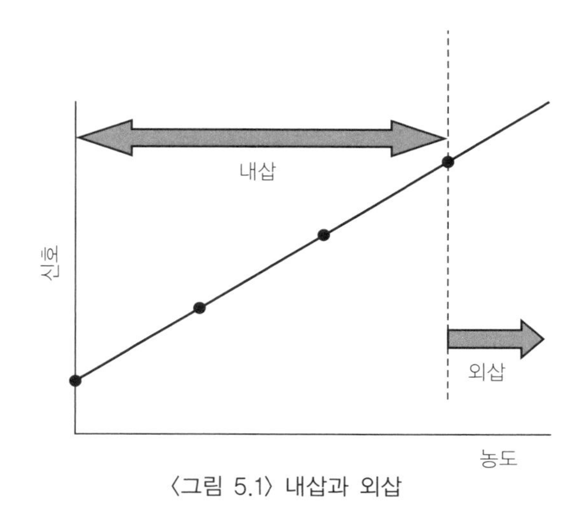

〈그림 5.1〉 내삽과 외삽

• Ag(은) 표준액과 Sn(주석) 표준액의 혼합

Ag는 보통 질산 액성이지만 Sn은 염산 액성이 일반적이다. 이 2개를 혼합하면 Ag는 염산과 반응해 침전하고 Sn도 질산 액성에서 침전하는 일이 있다. 침전은 난용해성의 염이지만 아주 미량이면 용해하는 일도 있다.

• Si(규소) 표준액과 K(칼륨) 표준액의 혼합

Si는 표준액으로서 칼륨염이 원료로서 사용되고 있는 경우가 있다. 이 경우 K의 농도는 정확하게 계산할 수 없게 된다.

이러한 문제가 생길 경우, 검량선 용액은 2종류로 나누어 각각의 용액을 따로따로 측정한 후에 각 성분의 검량선을 작성한다. 또 시판하는 표준액에는 미리 복수의 성분이 혼합된 것도 있기 때문에 미리 그것들을 구입함으로써 실수를 방지할 수 있다. 다만, 시판되는 표준액에 대해 액성의 문제 등으로 반드시 희망하는 성분의 조합을 입수할 수 있다고는 할 수 없다. 그 경우는 위와 같이 검량선을 따로 작성할 필요가 있다.

 5.2.2 검량선의 작성

검량선용 용액을 준비할 수 있으면 실제로 분석장치로 측정해 그 신호값으로부터 검량선을 작성한다. 현재 거의 모든 분석장치가 자동적으로 계산해 검량선의 작성·미지시료 중의 농도를 산출하지만, 그 의미를 이해하고 올바르게 운용하는 것이 필요하다.

검량선의 작성에서는 가로축(x축)을 농도(양), 세로축(y축)을 신호강도로 해 각 농도에 대한 신호강도를 플롯하고 있다(신호강도는 카운트 값이나 흡광도, 전압 등 측정방법에 따라서 다르다, 그림 5.2). 통상, 이들의 플롯을 직선으로 묶지만, 분석값 그 자체에 격차가 존재하기 때문에 반드시 모든 점이 직선상이 된다고는 할 수 없다. 그 때문에 근사선을 이용해 농도(양)의 계산에 사용한다. 근사선의 계산에는 최소제곱법이 많이 사용된다. 직선의 경우, 그 근사선의 식은 $y=ax+b$의 식으로 나타내지만 이때 a(기울기), b(절편)는 다음과 같이 계산된다.

$$a=\frac{n\sum_{i=1}^{n}x_iy_i-\sum_{i=1}^{n}x_i\sum_{i=1}^{n}y_i}{n\sum_{i=1}^{n}x_i{}^2-\left(n\sum_{i=1}^{n}x_i\right)^2} \tag{5.1}$$

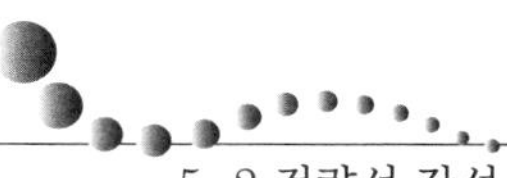

$$b = \frac{n\sum_{i=1}^{n} x_i^{2} \sum_{i=1}^{n} y_i - n\sum_{i=1}^{n} x_i y_i \sum_{i=1}^{n} x_i}{n\sum_{i=1}^{n} x_i^{2} - \left(n\sum_{i=1}^{n} x_i\right)^{2}} \tag{5.2}$$

여기서 x_i, y_i는 각각 각 구성에 있어서의 농도(x), 신호(y)에 대응한다.

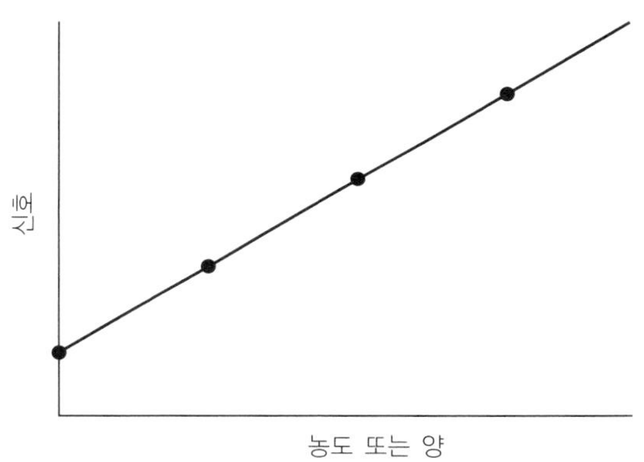

〈그림 5.2〉 기본적인 플롯과 검량선

이와 같이 표현된 근사식에 이번에는 미지시료의 신호강도를 적용시킴으로써 미지시료 중의 농도를 계산할 수가 있다.

또, 검량선 그 자체를 평가하는 방법으로 많이 사용되는 것이 상관계수 (r)을 이용하는 방법이다. 상관계수는 근사선에 대해 얼마나 플롯이 일치하고 있는지를 나타내고 있어 다음의 식으로 나타낸다.

$$r = \frac{\sum_{i=1}^{n}(x_i - \overline{x})(y_i - \overline{y})}{\sqrt{\sum_{i=1}^{n}(x_i - \overline{x})^{2} \sum_{i=1}^{n}(y_i - \overline{y})^{2}}} \tag{5.3}$$

여기서 x_i, y_i는 앞의 식과 같지만 $\overline{x}_i$는 플롯에 사용한 각 농도의 평균값, $\overline{y}$는 플롯에 사용한 각 신호의 평균값이 된다.

상관계수(r)는 -1부터 1의 범위에 들어가, -1이면 부($-$)의 상관(오른쪽 하향)으로 일치, 0이면 근사선과 상관없고, 1이면 정($+$)의 상관(오른쪽 상향)으로 일치한다. 일반적인 기기분석에 대해 r의 값이 0.99 이상(예를 들면 0.999)으로 매우 높은 수치가 된

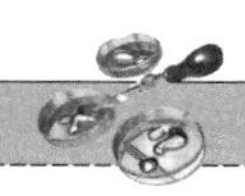

다. 만약 이 수치가 낮을(상관성이 나쁨) 경우, 아무리 미지시료의 신호가 정확하게 포착되어도 계산된 농도 그 자체의 신뢰성은 낮아진다. 또 상관계수는 검량선용 용액의 농도 간격에 의해서도 영향을 받는 쪽이 바뀌기 때문에 단순하게 상관계수가 좋기 때문이라고 해서 검량선이 올바르다고 한정할 수 없다.

예를 들면, 〈그림 5.3〉과 같이 농도 0~3ppb의 검량선이 있다고 하자.

이 검량선에 대해 크게 농도가 떨어진(10ppb) 플롯을 추가하면 상관계수는 언뜻 좋아진 것처럼 보인다. 같은 농도영역의 검량선으로 평가를 한다면 비교는 할 수 있지만, 이와 같이 플롯의 방법이 완전히 다른 검량선으로 단순하게 상관계수만을 비교하는 것은 넌센스라고 할 수 있다.

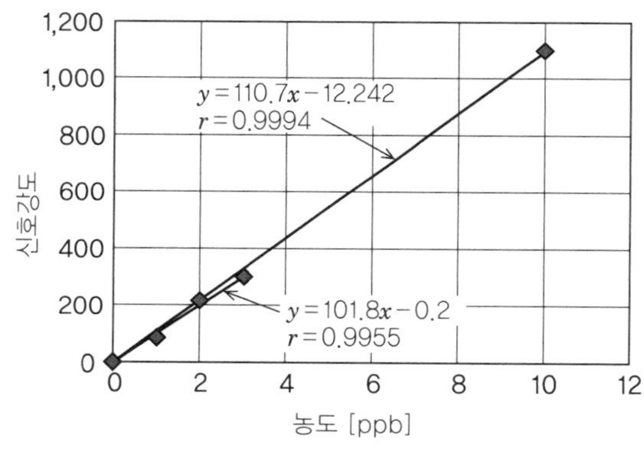

농도[ppb]	신호강도
0	7
1	85
2	215
3	303
10	1,100

〈그림 5.3〉 검량선에서 플롯의 범위와 상관계수

한편, 여기서의 상관계수는 직선성을 나타내는 것이지, 그 이외의 상관도 포함해 어떤 상관이 있는지를 나타내는 것은 아니다. 검량선으로서는 곡선(비선형)의 상관을 나타내는 경우 등도 있어 상관계수에만 따라 검량선을 판단하는 것이 아니라 실제의 플롯을 보고 판단할 필요가 있다.

또, 위에서는 최소제곱법을 예로 들었지만 이 경우, 블랭크 부근 극미량의 정량에서는 고농도의 플롯에 크게 영향을 받아 본래 존재하지 않아야 할 '마이너스의 농도'가 계산 결과로서 나타나는 경우가 있다. 이것을 막기 위해 낮은 농도 측에 가중치를 부여한 '가중치 부여 검량선'이나 강제적으로 블랭크의 플롯을 통과시키는 '원점을 통과하는 검량선' 등이 사용되는 경우도 있지만(이 경우의 원점은 농도·신호 모두 제로가 되는 점은 아니고 농도 제로 때의 플롯을 가리킨다) 기울기, 절편의 계산방법에 대해서는 최소제곱법보다 더 번잡해서 여기서는 생략한다.

또한, 흡광분석(원자흡광분석법이나 흡광광도분석법)에서는 흡광도가 높아지면 람베르트-비어(Lambert-Beer) 법칙에 따르지 않고 직선으로 근사할 수 없게 되어 곡선이 되는 일이 있다(그림 5.4). 이때는 직선(선형)은 아니고 곡선(비선형, 2차 등)으로 근사한다. 이때 직선으로 근사하면 상관계수는 나빠지지만 상관계수만으로 판단하지 않고 실제의 플롯을 보면서 판단하는 것이 중요하다. 또, 비선형에서의 근사는 위와 같이 분명한 이유가 있는 경우에 사용해 안이하게 곡선 근사하는 것이 아니고 우선은 재현성 등의 확인이 필요하게 된다. 또 비선형 근사의 경우 기울기가 낮은 영역에서는 몇 안 되는 신호의 변동이 큰 농도의 차이로 연결되기 때문에 적절한 범위에서 측정을 실시할 필요가 있다.

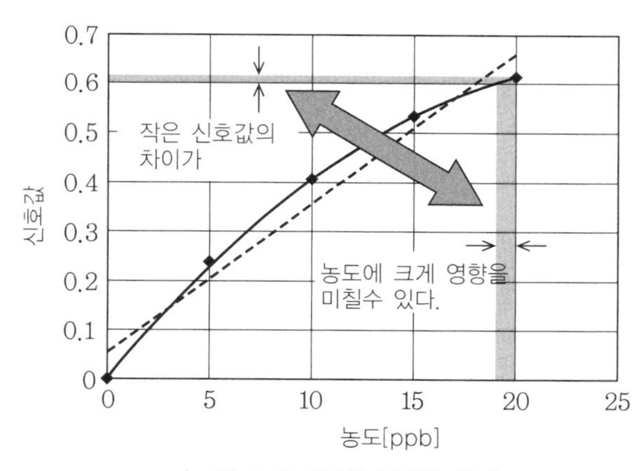

〈그림 5.4〉 곡선(비선형) 근사

5.2.3 표준첨가법이란?

위의 검량선법에서는 검량선용 용액과 미지시료의 신호강도를 비교해 농도를 구했지만, 만일 검량선용 용액과 미지시료가 전혀 같은 거동이 되지 않는 경우, 예를 들면 검량선 용액도 미지시료도 어떤 성분이 10ppm 있는데 같은 신호강도를 얻을 수 없는 경우는 어떻게 하면 좋은가? 사실은 화학분석의 현장에서는 이러한 일이 많이 발생한다. 그 요인은 다양하지만 대표적으로 매트릭스, 즉 시료 중에 포함되는 것 외의 성분에 의

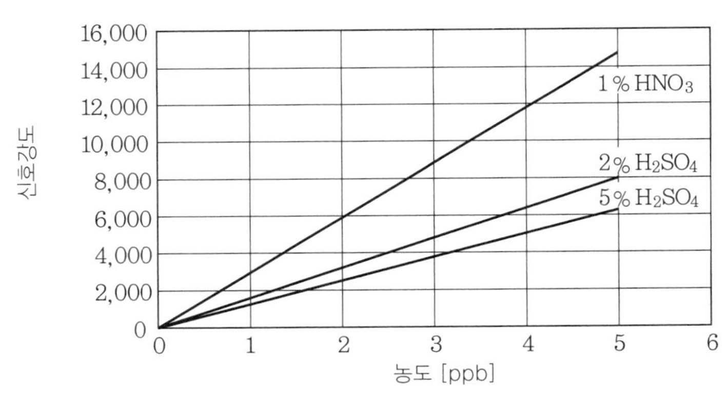

〈그림 5.5〉 ICP 질량분석에서 액성의 차이에 따른 검량선의 기울기(감도) 차이

한 영향을 들 수 있다.

〈그림 5.5〉는 ICP 질량분석법에서 액성의 차이에 의한 검량선의 기울기 차이를 나타낸 것이다. 1% 질산(HNO_3)에 비해 황산(H_2SO_4) 쪽이 한층 더 같은 황산에서도 농도가 높은 5% 황산액성 쪽이 분명하게 신호강도가 낮은 것을 안다. 그 때문에, 1% 질산 베이스로 작성한 검량선으로 5% 황산 베이스의 시료를 측정할 수가 없다는 것을 알 수 있다(신호강도의 거동은 장치조건에 따라서 다르기 때문에 언제라도 반드시 이러한 비가 되는 것은 아니다.)

또, 여기에서는 산의 종류와 농도에 대해 예를 들었지만, 이것만이 아니고 용해하고 있는 염(예를 들면 해수나 금속 용해액 등)이나 점성의 영향 등에 의해서도 같은 영향이 일어난다. 이것을 해결하는 방법의 하나로서 표준첨가법을 들 수 있다. "미지시료의 경우는 그 매트릭스로서 무엇이 존재하고 있는지, 그것을 특정하는 것이 어렵고 같은 매트릭스에서의 대상성분 제로의 블랭크도 포함한 검량선을 작성하는 것은 곤란하기 때문에 "미지시료 그 자체를 이용해 검량선을 작성한다"는 개념이며, 시료의 종별을 가리지 않고 널리 적용할 수 있다.

구체적으로는 미지시료의 신호와 미지시료에 기지 농도(예를 들면 10ppm)를 첨가한 것을 비교해 그 차이가 10ppm의 신호가 된다고 하는 것이다. 표준첨가에 있어서도 검량선과 같이 복수의 플롯을 얻어 그 직선성을 확인할 필요는 있다.

5.2.4 표준첨가용 용액의 조제

표준첨가를 실시하는 경우에는 미지시료를 복수로 취해 나누고 미첨가 시료 및 첨가 시료를 조제한다. 구체적인 예를 〈그림 5.6〉을 사용해 설명한다.

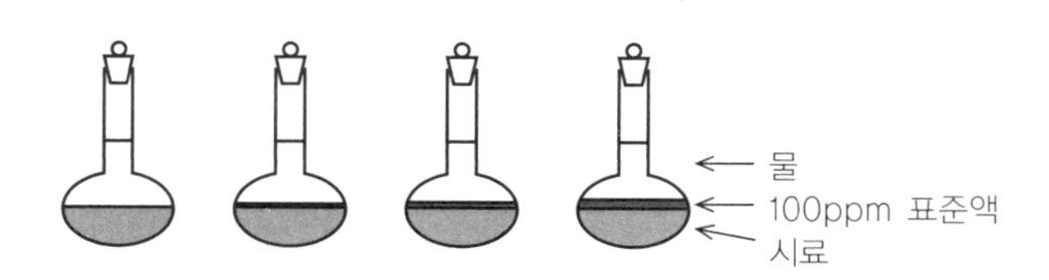

시료	10mL	10mL	10mL	10mL
100ppm 표준액	0	1mL	2mL	3mL
물*	10mL	9mL	8mL	7mL

* 정용조작이기 때문에 "물을 10mL 더하는" 조작이 아니라 "20mL로 정용하는 데 물이 이 양이 된다"는 뜻이다.

〈그림 5.6〉 표준첨가에서의 시료 조제의 일례

시료를 등량씩 몇 개로(여기에서는 10mL씩, 4개) 분취한다. 하나는 그대로, 다른 시료에는 표준액을 첨가한다. 다음 그림의 경우(그림 5.7) 100ppm의 표준액을 1mL, 2mL, 3mL 첨가해 나간다. 그 후 용매(물)로 20mL로 정용한다. 이것으로 표준첨가용 용액의 제조는 끝이다. 미지시료로서는 2배로 희석되고 있기 때문에 측정에 이용하는 용액에서의 농도는 1/2이 된다. 또, 첨가농도는 1mL의 100ppm 용액을 첨가한 경우, 20mL로 정용하고 있으므로 5ppm 첨가한 것이 된다. 이와 같이 2mL, 3mL에서는 각각 10ppm, 15ppm 첨가한 것이 된다. 이것은 시료를 2배 희석했을 때의 이야기이기 때문에 원래의 시료농도로 환산하면 10ppm, 20ppm, 30ppm 첨가한 것과 같은 의미가 된다. 이러한 시료와 블랭크를 측정해 가로축을 농도, 세로축을 신호강도로 하면 〈그림 5.7〉과 같은 구성을 얻을 수 있다. 이때 미첨가한 미지시료와 10ppm 첨가한 신호의 차이가 10ppm의 신호라는 것이 된다. 따라서 미지시료의 농도에 대해서는 직선이 가로축에 교차한다. 즉, 신호가 제로가 되는 점으로부터 계산을 할 수 있게 되어 그림의 예에서는 15ppm으로 계산할 수 있다

표준첨가법을 실시할 때는 주의해야 할 점이 있다. 하나는 앞에서 본 검량선과 같이 첨가하는 농도 레벨을 들 수 있다. 이것은 미지시료 중의 농도와 비교해 극단적으로 너

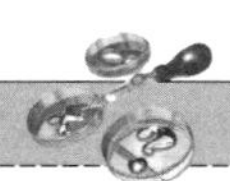

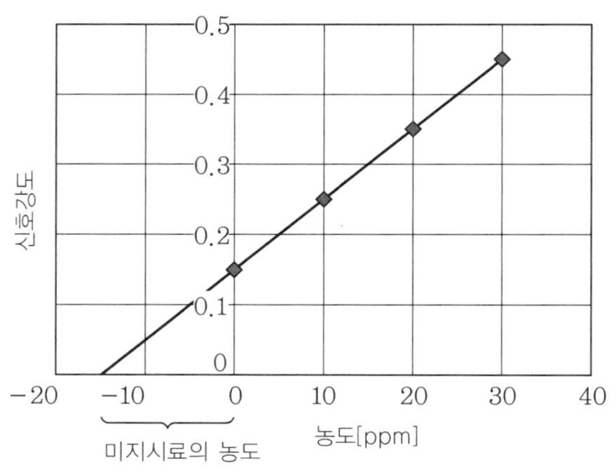

〈그림 5.7〉 표준첨가에서 검량선의 일례

무 높아도 너무 낮아도 안 된다(그림 5.8). 그 이유는 첨가시료의 신호 분산 영향이 커지기 때문이다. 다만 농도가 매우 낮고, 동일한 정도의 농도 조제가 어려운 경우는 높은 농도로 실시하는 경우도 있다. 다음으로 표준첨가의 검량선을 작성하기 위한 플롯은 검량선법과 마찬가지로 미첨가 시료를 포함해 4점 이상 준비한다.

또 표준첨가법에 따라 얻어진 값은 블랭크와의 교점에 의해 얻을 수 있지만, "미지시료 중의 농도가 제로일 때 정말로 블랭크와 같은 신호가 되는가?"라는 점에 대해 판단

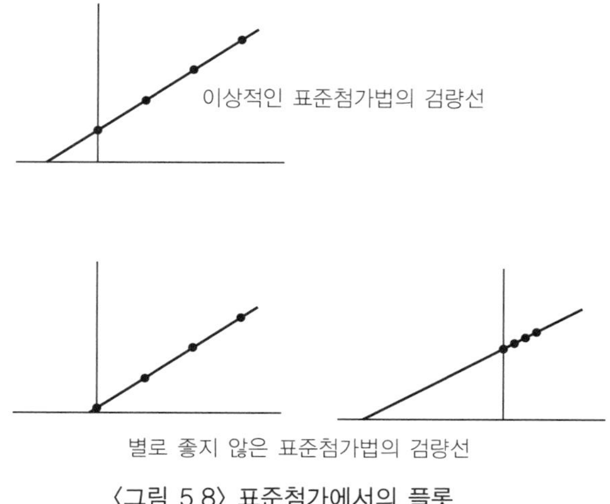

〈그림 5.8〉 표준첨가에서의 플롯

이 어려울 수도 있다. 측정방법에 따라서 다르지만, 다양한 간섭(분광간섭 등)에 따라 '블랭크의 신호=미지시료 중 농도가 제로일 때의 신호'라고는 할 수 없는 경우가 있다. 특히 극미량이 되면 될수록 다양한 요인으로 백그라운드 레벨의 영향이 커져 올바르게 제로점을 평가하는 것이 어려워진다. 이 경우, 시료 중 농도는 표준첨가법에 따라 얻어진 농도 '이하'라고 하는 표현한다. 또, 원자흡광분석법이나 흡광광도법 등에서 곡선의 상관이 되어 버리는 경우는 이 방법은 적용할 수 없기 때문에 직선의 상관을 얻을 수 있도록 희석 등을 실시할 필요가 있다.

표준첨가법의 경우, 시료를 작은 분량으로 해 그것으로도 측정에 충분한 시료량을 확보할 필요가 있기 때문에 샘플이 극미량 시에는 적용할 수 없다.

5.2.5 매트릭스 매칭의 의미

표준첨가의 경우 미지시료를 사용해 대상성분을 첨가했지만, 미지시료 중 매트릭스의 조성을 비교적 용이하게 재현할 수 있는 경우는 미지시료를 사용할 필요 없이 순수물질을 이용해 가상적으로 매트릭스를 작성해 검량선용 용액에 첨가하는 것으로 표준첨가법과 동등의 효과를 얻을 수 있다.

이때, 완전하게 매트릭스를 일치시키지 않아도 주성분에 대해 동등하면 가까운 효과를 얻을 수 있는 것이 많다. 용매나 산 농도를 일치시키는 것도 매트릭스 매칭이라고도 할 수 있고 또, 예로서 철 중의 불순물을 측정하는 경우는 순철을 이용해 철 농도를 샘플 농도에 맞추어 첨가하는 방법을 취할 수도 있다.

매트릭스 매칭을 실시할 때는 매트릭스의 원료가 되는 물질이 원래 대상성분을 포함하지 않은 것(순도)이 중요하다. 산이나 용매의 경우는 비교적 순도가 높은(불순물 레벨이 낮다) 것을 얻을 수 있지만, 위의 철 등의 경우 충분한 순도를 얻을 수 없는 것도 있다. 예를 들면, 철 중의 불순물을 측정하는 경우 철(고체) 중 농도로 100ppm을 측정하려면, 적어도 순철 중에 그 측정 대상성분이 충분히 적어 예를 들면 1%의 차이를 허용할 수 있다면 1ppm 이하일 필요가 있다. 1ppm라고 하는 것은 순도로서 99.9999%가 되는데(실제로는 다른 불순물도 있기 때문에 허용할 수 있는 순도는 완화되지만), 많은 경우에 이 정도로 고순도의 순수물질은 얻을 수 없다.

미리 불순물 레벨을 확인해서 사용에 지장이 없는지를 파악하는 것이 필요하다. 또, 매트릭스의 조제에 대해서는 검량선에서의 대상성분의 조제만큼 엄밀하게 실시할 필요는 없다.

 5.2.6 검량선의 유효범위

'검량선용 용액의 제조' 항에서 "용액의 농도는 미지시료의 농도가 그 범위에 들어가도록(내삽)"한다고 설명했다. 그러면, 검량선을 얻었을 때에 구체적으로 어디에서 어디까지의 값을 사용할 수 있는 것일까?

보통, 검량선에 대해 최저점으로서 블랭크, 즉 농도 제로의 점이 사용되지만 농도 제로를 올바르게 측정할 수 있는 것은 아니고, 신호강도가 낮아짐에 따라 분산도가 커져 정량값으로서의 가치는 없어진다. 그 때문에 정량하한이라고 하는 지표가 있어, 이것이 유효범위의 하한이라고 할 수 있다(5-3 참조). 또, 상한에 대해서는 보통 검량선의 플롯에 사용한 최대의 신호값·농도(양)의 점이라고 생각한다.

다만, 흡광분석법 등에서 곡선의 검량선이 되어 버리는 경우는 한층 더 상한에 대한 주의가 필요하다. 앞에 설명한 것과 같이 흡광도가 높아지면 자기 흡수라고 하는 현상에 의해 람베르트-비어(Lambert-Beer) 법칙에 따르지 않고 직선성을 얻을 수 없지만, 한층 더 흡광도가 높아지면 그 경향은 현저하게 되어 조금 흡광도가 변화한 것만으로도 큰 농도 차이가 되어 버린다. 이러한 경우는 요구되는 정확도를 기준으로 평가해 필요에 따라서 검량선용 용액·미지시료 모두 희석해 측정해야 하는 것이다.

5.2.7 산 첨가의 의미

시판하는 표준액이 많게는 성분에도 의존하지만, 보통 산이 첨가되고 있다. 또 그것들을 희석해 검량선용 용액을 제작할 때에도 산을 첨가하는 일이 많다. 이것은 그 성분을 분해할 경우에 그 산을 사용하고 있는 것에 더해 목적성분을 용액 중에 안정되어 존재시키기 위해서다. 산의 첨가가 이루어지지 않은 경우 목적성분이 용기 벽에 흡착 또는 용액 중으로부터 휘발, 침전되는 폐해가 일어날 가능성이 있다. 흡착에 대해서는 성분농도가 낮을수록 그 영향은 현저하게 나오기 때문에 검량선용 용액은 측정할 때마다 제조하는 것이 바람직하다. 또, 여기서 첨가하는 산은 목적성분에 대해서 올바른 종류가 아니면 안 된다. 이것은 '검량선용 용액의 제조' 항에서 기술되어 있지만 조합에 따라서는 산을 첨가하는 것에 의해 오히려 침전이나 휘발을 일으킬 우려가 있기 때문이다. 〈그림 5.9〉는 일례로서 Ta 표준액을 HNO_3 용액 중에 보존했을 때의 안정성을 나

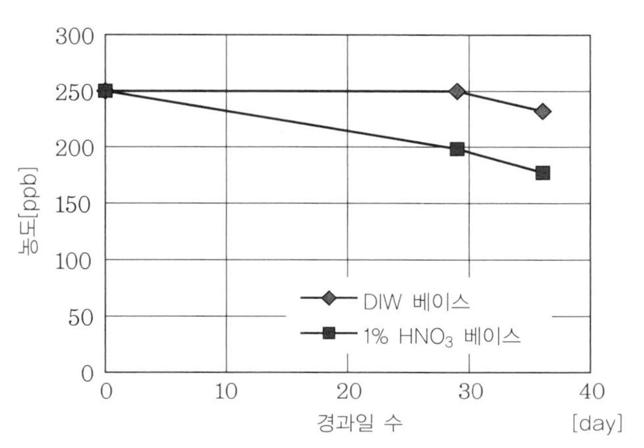

〈그림 5.9〉 액성에 따른 Ta 표준용액의 농도변화

타낸다. 또 앞에 설명한 것과 같이 산을 사용한 분해처리 등을 실시한 시료를 측정할 때의 매트릭스 매칭의 의미에서도 사용된다.

Ta 표준액은 보통 불화수소산(HF) 베이스로 공급되어 순수(DIW) 베이스로 희석하면 약간의 열화를 볼 수 있지만, 질산(HNO_3) 베이스로 하면 DIW보다 열화가 격렬해서 적절하지 않은 것을 알 수 있다.

5.2.8 내부표준 보정이란?

내부표준 보정 또한 검량선용 용액과 미지시료 간 신호의 거동이 다를 때에 사용할 수 있는 보정방법의 하나이다. 내부표준 보정에서는 측정 대상성분과 다른 성분을 검량선용 용액과 미지시료의 양쪽 모두에 첨가해 이 신호를 모니터함으로써 측정 대상성분의 신호를 보정하는 방법이다. 구체적인 예를 〈그림 5.10〉에 나타낸다. 위의 검량선용 용액과 같은 준비를 하지만, 이때 검량선 용액·미지시료의 양쪽 모두에 내부표준이 같은 농도가 되도록 첨가한다. 내부표준에 대해서는 본래 같은 농도를 첨가하고 있으므로 같은 신호값이 될 것이지만, 예를 들면 미지시료에서 본래 검출되어야 할 신호보다 20% 낮아졌을 경우(80%의 신호밖에 얻을 수 없었던 경우), 측정 대상성분도 20% 낮아지고 있다고 생각되기 때문에 대상성분의 신호를 100/80배, 즉 1.25배로 함으로써 본래의 신호가 계산될 수 있다는 것이 이 방법의 생각이다. 다만, 검량선 용액에 대해서도 다소의 격차는 있기 때문에 항상 내부표준의 신호와의 비를 산출해 검량선 작

	표준 1	표준 2	표준 3	표준 4	미지시료
측정 대상성분 [ppm]	0	1.0	2.0	3.0	?
내부표준 [ppm]	1.0	1.0	1.0	1.0	1.0

측정하면···

	표준 1	표준 2	표준 3	표준 4	미지시료
측정 대상성분 신호강도	0	1,000	2,000	3,000	1,200
내부표준 신호강도	2,000	2,000	2,000	2,000	1,600

본래 2,000 나오는 신호가 1,600밖에 나오지 않는다.
즉, 20% 신호가 내려가 있다.
⇒측정 대상성분의 신호도 20% 내려가 있을 것이다.
⇒1,200×(2,000/1,600)=1,500이 본래의 신호이다.

	표준 1	표준 2	표준 3	표준 4	미지시료
측정 대상성분 신호강도 /내부표준 신호강도	0	0.5	1.0	1.5	0.75

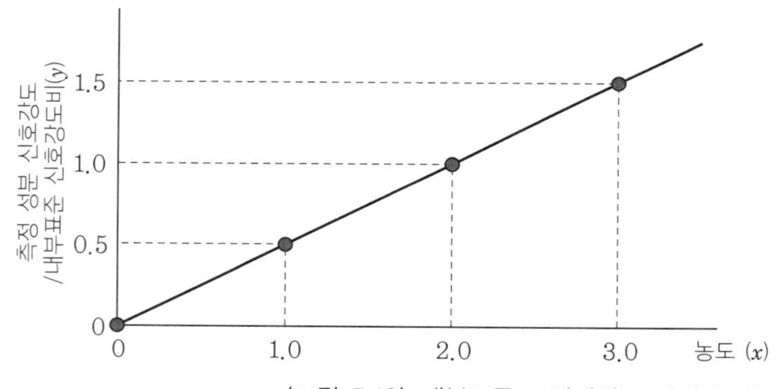

〈그림 5.10〉 내부표준 보정에서 조제의 일례

성이나 농도 계산에 이용하는 일도 있다. 내부표준 보정에서는 본래의 대상성분과는 다른 성분을 이용하기 때문에 보정할 수 있는 범위에는 한계가 있다. 예로서, 본래의 내부 중 표준의 신호를 100%로 했을 때, 60~125%의 변동 폭이면 내부표준 보정해도 좋다고 하는 규격이 있지만, 어쨌든 극단적으로 감도가 변동하는 경우는 매트릭스 등의 영향이 큰 것을 나타내고 있어 미지시료 희석 등의 조작이 필요하다.

또, 내부표준 보정은 항상 일정 농도의 신호를 연속해 측정하기 때문에 분석장치의 경시적인 신호변동(드래프트)을 보정하는 목적으로도 이용하는 일도 있다. 한편 내부표준은 본래의 대상성분과는 다른 성분의 측정을 실시하기 때문에 동시에 2성분 이상을 측정할 수 있는 분석장치일 필요는 있다.

예를 들면, 원자흡광분석장치와 같이 한 번에 한 성분밖에 측정할 수 없는 경우에는 이 보정방법을 적용하는 것은 어렵다.

5.2.9 내부표준의 선택

내부표준 보정을 실시할 때 내부표준은 어떠한 성분이라도 좋다는 얘기는 아니다. 내부표준을 선택할 때에 다음의 조건을 충족하는 것이 필요하다 .

◆ 내부표준을 첨가하기 전의 미지시료·검량선 용액에 그 성분이 포함되지 않을 것

포함되어 있는 경우는 신호는 일정하지 않고 그 신호값의 비교를 할 수 없게 되기 때문에 내부표준 보정은 할 수 없게 된다. 또 포함되지 않아도 분광간섭 등으로 그 성분이 검출되는 것과 똑같은 것이 일어나면 똑같이 적용할 수 없다. 사전에 미지시료만을 측정해 내부표준이 되는 성분이 검출되지 않는 것, 혹은 사용하는 내부표준의 신호강도와 비교해 충분히 작은지를 확인한다.

◆ 측정 대상성분과 거동이 일치 또는 유사한 것

예를 들면, 어떤 측정을 실시했을 때에 측정 대상성분의 신호가 오르는데, 내부표준의 신호는 내려가면 내부표준 보정은 할 수 없다. 측정 대상성분의 신호가 변동할 경우에 똑같이 변동하는 성분을 내부표준으로서 사용할 필요가 있다. 변동의 요인에도 의존하지만, ICP 발광분광분석법에서는 원자선·이온선의 종별을 맞추거나 ICP 질량분석법에서는 측정 질량수에 가까운 원소를 지정하는 방법 등이 일반적으로 사용된다.

◆ 내부표준의 첨가에 수반하는 측정에 영향이 없을 것

첨가하는 내부표준에 불순물로서 측정 대상성분이 포함되어 있으면 본말전도이다. 또 내부표준의 매트릭스로서 측정 대상성분에 영향을 주는, 예를 들면 성분과 침전을 형성하거나 휘발하거나 하는 경우에는 그 내부표준(혹은 매트릭스)은 사용할 수 없다.

내부표준의 농도에 대해서는 측정 대상성분의 농도 또는 신호값과 동일한 정도가 되도록 조제한다. 내부표준의 신호가 너무 높으면 오히려 내부표준에 의한 간섭이 일어나거나, 내부표준 첨가에 수반하는 불순물의 영향을 무시할 수 없게 되는 일이 있다. 한편, 너무 낮으면 내부표준 신호가 불규칙해져 보정의 의미가 없어질 수도 있다.

5-3 검출한계와 정량하한

5.3.1 검출한계와 정량하한의 의미

정량분석을 실시할 때에 자주 듣는 키워드로서 '검출한계(혹은 검출하한)'와 '정량하한'이라고 하는 2개의 값이 있다.

검출한계는 자주 *DL*이라고 하는 약칭을 이용하고 있어 그 쪽이 친숙한 사람이 많을지도 모른다. 이러한 말의 의미는 JIS K 0211 분석화학 용어(기초부문)라고 하는 규격 중에서 아래와 같이 설명되어 있다.

검출한계, 검출하한···검출할 수 있는 최소량(값)

정량하한···어떤 분석방법에 의해 분석종의 정량이 가능한 최소량(값) 또는 최소 농도

다만, 검출한계, 정량하한 모두 구체적인 계산방법으로서 다양한 해석이 있기 때문에 여기에서는 기본적인 개념 및 JIS 통칙에 근거하여 일반적으로 구하는 방법에 대해 설명하고자 한다.

5.3.2 검출한계

검출한계(검출하한)는 영어로는 Detection Limit 또는 Limit of Detection으로 표기되어 약칭으로서 *DL* 또는 *LOD*가 사용되지만 모두 의미는 같다.

분석장치에서는 신호값에는 항상 격차가 생긴다. 대상성분이 전혀 존재하지 않는 경우(블랭크)에도 어느 정도의 격차는 생긴다.

여기서 매우 적은 양의 대상성분이 존재했을 경우 그것이 블랭크의 격차의 범위 내(즉 검출되지 않는)인가, 그것과는 의미가 있게 구별할 수 있는(검출된 것인가)가를 판별할 필요가 있다. 이때 의미가 있게 판별할 수 있는 가장 낮은 농도가 검출한계가 된다. 좀 더 상세히 말하면, 장치로서 그 목적성분이 '있는' 것인지 '없는' 것인지를 판별

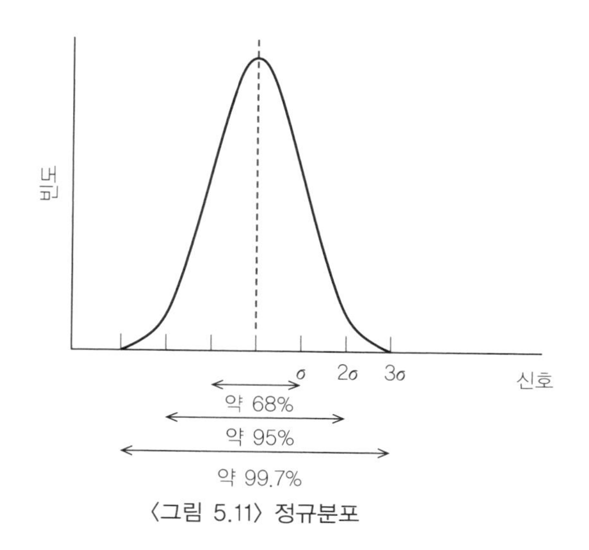

〈그림 5.11〉 정규분포

할 수 있는 매우 낮은 값이라고 할 수 있다. 이와 같이 구한 검출한계는 분석장치의 성능에 의한 것이 되어 장치 검출한계(Instrument limit of detection, ***ILOD***)라고도 불린다.

여기서 "어떠한 근거를 가지고 판별했는가?"라고 하는 것이 중요하다. 일반적으로 분석장치로부터 출력되는 신호에는 격차가 존재하고, 그것은 정규분포에 따른다고 생각하고 있다. 정규분포란 〈그림 5.11〉과 같이 가로축에 신호, 세로축에 그 신호가 출력되는 빈도를 플롯하면 그림의 곡선으로 나타난 것 같은 범종 모양의 곡선을 그리는 것이다.

이때, 신호의 격차 상태의 지표로서 표준편차(Standard Deviation, ***SD***)가 사용되고 그 값 σ는 다음의 계산식에 의해 산출할 수 있다.

$$\sigma = \sqrt{\frac{\sum_{i=1}^{n}(x_i - \bar{x})^2}{n-1}}$$

여기서 X_i는 반복 측정했을 때 개개의 신호값이며, $\bar{X}$는 평균값이다.

또 n은 반복해 측정했을 때의 횟수이다.

표준편차를 구하면 정규분포에 있어서 그 표준편차의 범위 내에 약 68%의 신호가 들어간다. 즉, 만일 100회 측정하면 대략 68회 분의 측정값 $\pm\sigma$의 범위 내에 들어간다

는 의미이다. 또 똑같이 ±2σ에는 약 95%, ±3σ에는 99.72%가 들어간다. 여기서 농도 제로(블랭크)의 신호를 반복 측정하고, 그 +3σ의 값을 산출해 만약 미지시료에 대해 더 이상의 신호가 검출되면 블랭크와는 "의미 있음과 다르다."라고 생각할 수가 있다. 여기에서는 일례로서 3σ를 들었지만, 이것은 검출한계를 계산하는 데 3σ가 아니면 안 된다는 얘기는 아니다. 측정방법에 따라 그 정의가 가지각색이기 때문에 근거를 명확하게 하는 것이 필요하다.

이 3σ의 경우는 "그 신호 이상이 검출되면 그 성분이 검출되었다."라고 생각할 수가 있지만, 그 3σ가 되는 농도가 '100%에 가까운 확률로 검출할 수 있는 농도'라고 하는 것은 아니다. 그렇다고 해도 3σ가 되는 농도에 있어서도 그 신호에는 분산이 존재한다.

그리고 그 분포는 거의 농도 제로 때와 동일한 정도의 것이라고 생각하면, 블랭크의 신호와 3σ의 신호에 상당하는 농도에서의 신호 분포는 〈그림 5.12〉와 같다. 이 그림을 보고 알듯이 3σ의 신호에 상당하는 농도에서의 신호는 50%의 확률로 3σ 이하가 되어 버린다.

즉 본래 제로인 것이 잘못해서 검출하는 확률(제1종 오차)은 0.14% (100%에서 99.72%를 뺀 0.28% 중 낮은 편은 생각하지 않아도 좋기 때문에)가 되지만 검출한계 부근의 농도에 대해서는 50%의 확률로 검출할 수 없다(제2종 오차).

한편, 검출한계를 3.3σ(혹은 3.29σ)로 하는 방법도 있다. 이것은 위의 제1종의 과오와 제2종의 과오를 5%가 되도록 생각하면 블랭크 신호에 대해서 제1종의 오차가 5%가

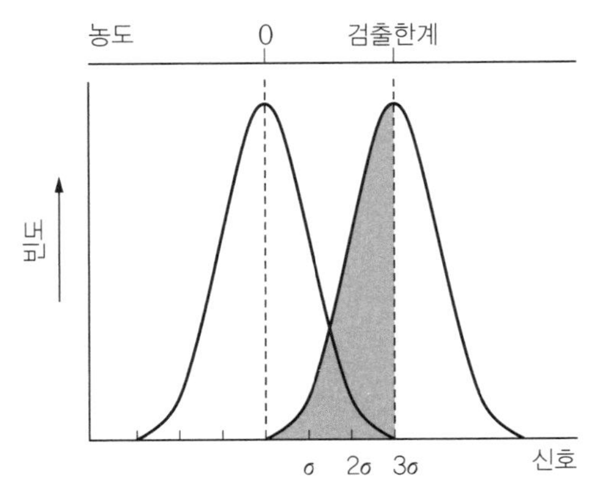

〈그림 5.12〉 검출한계(3σ)의 예

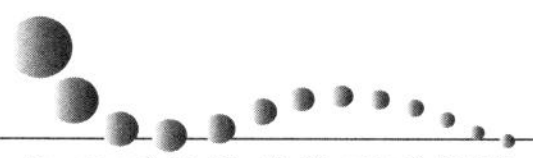

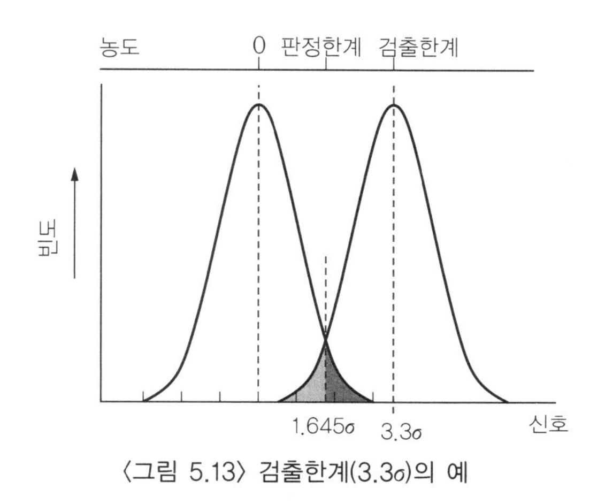

〈그림 5.13〉 검출한계(3.3σ)의 예

되는 점이 1.645σ이기 때문에 그 2배가 되는 점이 3.29σ가 된다(그림 5.13). 이때 판별을 실시하는 것은 그림 중에서 나타나고 있는 1.645σ(판정 한계값, 판별 임계값)이고, 3.29σ의 농도이면 1.645σ 이상의 신호를 95%의 확률로 얻을 수 있다.

'검출한계'로 하는 농도와 '그 판정을 실시하는' 농도가 다르기 때문에 이해하기 어려운 점은 있을지도 모른다.

5.3.3 정량하한

정량하한은 영어로 Limit of Quantification, 약칭으로 LOQ로 표기된다.

또 검출한계와는 달리 정량상한도 존재한다. 이것은 검출에 관해서는 신호가 포화하더라도 검출할 수 있다고 해도 신호가 포화하면 정량값을 계산하지 못하고, 또 신호의 포화까지 가지 않아도 검량선의 유효 범위 외이면 그 계산은 곤란한 일이 있기 때문이다. 검출한계에서는 '있는' 것인지 '없는' 것인지를 판별했지만, 정량하한에서는 '정량할 수 있는가', 즉 정량값으로 산출할 수 '있는가', '없는가'가 판단기준이 된다. 다만, 여기에서도 '어떠한 근거를 가지고 정량할 수 있다고 판단했는가?'라고 하는 점이 중요하다.

하나의 지표로서 블랭크 신호의 표준편차의 10배에 상당하는 값(10σ)이 사용되는 일이 있다. σ는 앞의 검출한계의 설명에서 나타낸 것과 같은 계산이다. 이것은 '정량할 수 있었다'라고 하는 지표를 '상대 표준편차가 10% 이내가 될 때'로 했을 때의 이론적인 값이 된다. 상대 표준편차(Relative Standard deviation, ***RSD***)란 표준편차를 평균으로 나눈 것으로 다음의 식에 의해 계산되고 단위는 %가 된다.

$$RSD[\%]=\frac{\sigma}{\bar{x}}\times 100$$

따라서 원래의 값이나 단위에 관계없이 일원적으로 격차 정도를 평가하는 것이 가능해진다. 이때, 평균값 $\bar{x}$를 10σ일 때의 격차가 블랭크의 분산과 큰 차이 없다고 하면 평균값 $\bar{x}=10\sigma$가 되고, 이론적으로는 ***RSD***는 10%로 계산된다. 또 정량하한값을 10σ으로 하는 것은 '상대 표준편차가 10% 이내이면 OK'라고 간주하며 '10%는 충분하지 않아, 5% 이하가 아니면 안 된다'라고 하는 것은 예를 들면 20σ를 가지고 정량하한으로 간주하기도 한다.

또 전처리가 수반하는 측정의 경우에는 조작 블랭크를 빼는 측정이 되어, 이 경우 오차의 전파를 고려해 $\sqrt{2}$배의 값인 $10\sqrt{2}\sigma$, 즉 14.1σ를 정량하한으로서 이용하는 일도 있다.

5.3.4 검출한계와 정량하한을 구하는 방법

검출한계는 블랭크를 반복해서 측정해 그 격차로부터 표준편차를 산출한다. 이때의 블랭크에는 장치의 검출한계, 즉 ***ILOD***를 구한다면 초순수 등의 측정 대상성분이 포함되지 않고 용매가 되는 것을 사용한다. 또 전처리도 포함한 방법에서의 검출한계(Method Limit Of Detection, ***MLOD***)를 구하는 것이면 조작 블랭크를 사용한다. 신호값을 그대로 검출하한으로 하는 것이 아니라 검량선을 사용해 농도(양)로 변환하는 것, 또는 각 반복 신호값을 농도(양)로 변환하고 나서 분산을 구해도 결과는 보통 등가이다. 분산을 구하려면 적어도 10회 또는 20회 정도의 반복 측정이 필요하다. 또 정량하한에 대해서도 똑같이 장치로서의 정량하한이면 블랭크를 반복 측정하여 그 10σ를 정량하한으로 한다.

또 조작 블랭크가 있는(그것을 공제해 정량값을 산출하는 방법) 경우에는 조작 블랭크를 반복하여 측정해, 앞의 설명과 같이 14.1σ를 방법 정량하한으로 한다.

또 크로마토그래피에서는 블랭크를 반복해 측정하는 것이 아니라 바탕선 노이즈를 사용하는 일도 있다. 이때 예를 들면 JIS(통칙)에 있어서 가스 크로마토그래피(GC)와 고속 액체 크로마토그래피(HPLC)의 노이즈 정의가 다르다. GC에서는 노이즈의 폭 그 자체(peak to peak)를 노이즈로 하고 있는데 반해, HPLC에서는 이 반을 계산에 이용

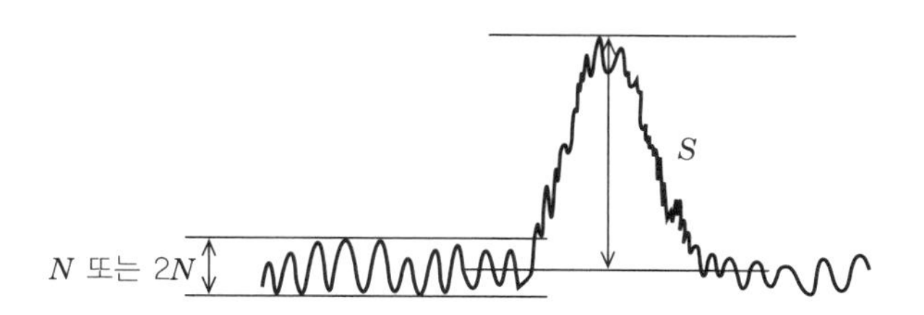

〈그림 5.14〉 크로마토그램에서의 노이즈

해 S/N비가 2 또는 3이 되는 양을 검출한계로 하고 있다(그림 5.14). 이와 같이 각 분석법에 따라서도 구하는 방법이 일치하지 않기 때문에 어떠한 방법을 가지고 산출했는지를 이해하고 명시할 필요가 있다.

【참고문헌】

1) 平井昭司監修，日本分析化学会編：「現場で役立つ化学分析の基礎」，オーム社，2006

2) 化学同人編集部編：「実験データを正しく取り扱うために」，化学同人，2007

3) James N. Miller，Jane C. Miller 著，宗森信，佐藤寿邦訳：「データのとり方とまとめ方　第 2 版－分析化学ののための統計学とケモメトリックス」，共立出版，2004

4) 上本道久著：「分析化学における測定値の正しい取り扱い方」，日刊工業新聞社，2011

5) 丹羽誠著：「これならわかる化学のための統計手法　－正しいデータの取り扱い方－」，化学同人，2008

6) 平井昭司編：「実務に役立つ！基本から学べる分析化学」，ナツメ社，2012

7) 上本道久：「入門講座　検出限界と定量下限の考え方」，ぶんせき，5，p.216-221，2010

8) JIS K0211：2013「分析化学用語（基礎部門）」，日本規格協会

9) JIS K0133：2007「高周波プラズマ質量分析通則」，日本規格協会

10) JIS K0116：2014「発光分光分析通則」，日本規格協会

11) JIS K0121：2006「原子吸光分析通則」，日本規格協会

12) JIS K0114：2012「ガスクロマトグラフィー通則」，日本規格協会

13) JIS K0124：2011「高速液体クロマトグラフィー通則」，日本規格協会

제6장

안전한 작업환경

6-1 처음에-안전한 작업환경이란?

매일과 같이 화학실험을 하는 실험실. 그곳에서는 절대로 사고가 일어나서는 안 된다. 또, 그 실험실에서 외부의 환경(대기, 하수)에 악영향을 미치는 일도 생겨서는 안 된다. 여기서는 스스로의 안전을 지키는 것과 동시에 외부 환경에 영향을 주지 않는 작업환경 만들기나 그 관리방법, 정기적인 특수 건강진단 등에 대해서 설명한다.

우선은 안전한 작업환경이란 무엇인가, 아래에 일례를 나타낸다. 이들 사항은 필요 최소한이며 평소부터 대책을 세워 둘 필요가 있다.

① 보호도구가 준비되고 착용이 철저하다.
② 위험한 작업에 대해서 만전의 체제가 되어 있다.
③ 유해한 가스 분위기는 아니다(배기설비가 있다).
④ 정리정돈이 되어 있다.
⑤ 위험한 물질이 적다(정기적으로 불필요한 것을 처분하고 있다).
⑥ 위험한 물질 취급 매뉴얼이 있다.
⑦ 반응하기 쉬운 것이 근접하지 않게 관리되고 있다.
⑧ 대기, 하수 등을 오염시키지 않는다.
⑨ 화재, 사고, 지진 등 사고 발생 시의 대응 매뉴얼이 있다.
⑩ 필요에 따라서 특수 건강진단을 받고 있다.

이것들은 일례이며, 각 실험실에 있어 필요한 항목을 들어 체크 시트 등으로 정기적으로 확인하면 좋다. 이때 당번제로 하는 등 작업자 전원이 안전한 작업환경에 대해 높은 의식을 가지는 것이 중요하다.

6-2 긴급 시의 대응

만일의 경우, 순간적으로 판단하는 것보다 평소부터 어떻게 대응할 것인가를 확인해 둘 필요가 있다.

〈그림 6.1〉에 사고·화재·지진 시의 대응 매뉴얼 예를 나타낸다.

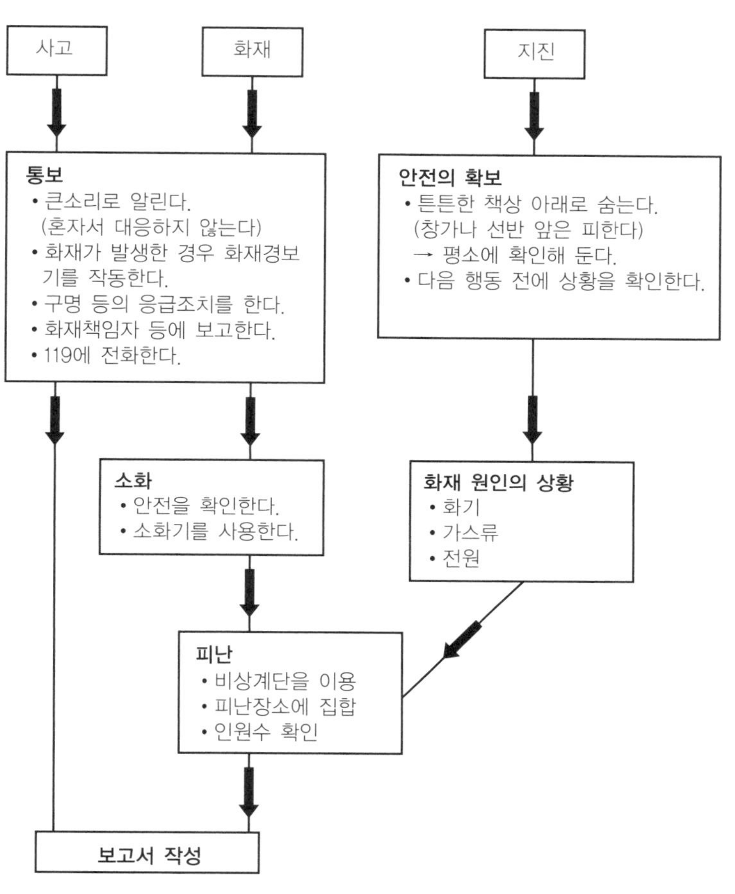

〈그림 6.1〉 사고 · 화재 · 지진 시의 대응 매뉴얼(예)

〈표 6.1〉은 긴급 연락망 및 자위 소방조직의 예이다. 각 실험실에 담당자, 부담당자의 연락처를 표기해 부재시 이상이 확인되었을 때에 곧바로 연락을 할 수 있도록 해 둔다. 또, 긴급시의 대응을 위한 소방조직을 만들어 역할 분담을 해 두는 것으로 민첩한 대응이 가능하다.

〈그림 6.2〉에 긴급시의 피난 통로를 나타낸다. 소화기 · 소화전은 어디에 있는가? 어떠한 경로로 피난하는가? 어디에 집합하는가? 등을 사전에 확인해 둘 필요가 있다. 또, 평소부터 피난 경로나 소화전 앞 등을 짐 등으로 막히지 않게 유의할 필요가 있다.

〈표 6.1〉 긴급 연락망 및 자위 소방조직(예)

긴급 연락망

	주담당자	내선	휴대전화	부담당자	내선	휴대전화
총책임자 (발화장소 책임자)	안전 철수	101	010-1234-5678			
실험실 A	안전 영자	102	010-2345-6789	안전 철수	101	010-1234-5678
실험실 B	안전 순희	103	010-3456-7890	환경 영자	105	010-9012-3456
실험실 C	안전 길동	104	010-4567-8901	환경 순희	106	010-0123-4567

자위 소방조직

	담당자	내선	휴대전화	
자위 소방대장	안전 철수	101	010-1234-5678	→ 소방기관 (119)에 신고
소방반	안전 영자	102	010-2345-6789	
통보 연락계	안전 순희	103	010-3456-7890	
피난 유도반	안전 길동	104	010-4567-8901	
구호반	안전 호식	105	010-5678-9012	

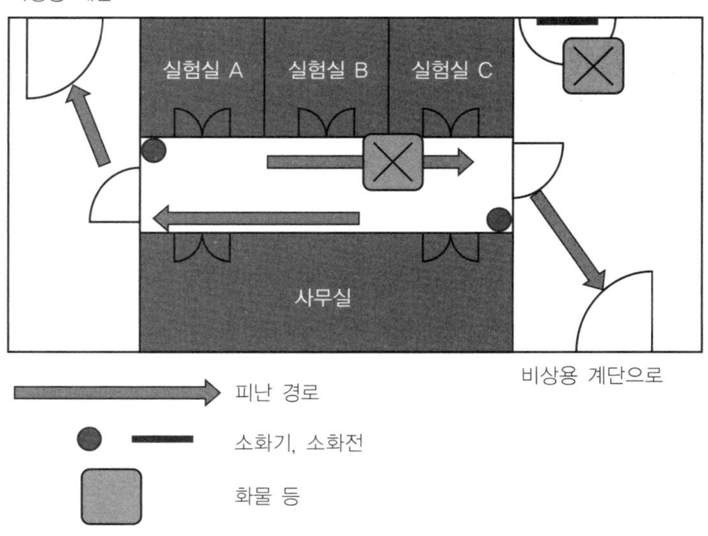

〈그림 6.2〉 긴급 시의 피난 경로

6-3 일반적인 주의 사항

일반적인 주의사항(예)을 아래에 나타낸다.

① 실험을 실시하기 전에는 기구의 균열, 파손 등이 없는가를 확인한다. ⇒ 파열의 우려 등

② 실험은 혼자서 실시하지 않는다. ⇒ 사고 시의 대응

③ 보호도구를 착용한다. ⇒ 시약으로 인한 손상 등의 방지

④ 실험실에서의 음식 취식 금지

⑤ 정리 정돈을 한다. ⇒ 지진 시의 낙하 방지, 피난 경로의 확보

⑥ 실험실의 환경(온도·습도)을 적절히 유지한다(특히 정전기에 주의).

⑦ 놀랄 일이 발생했을 경우 이력을 남겨 대책을 세워 둔다.

⑧ SDS(MSDS, 화학물질 안전성 데이터 시트)를 준비해 둔다.
⇒ 시약의 특성(인화성·발화성·독성·끓는점 등)을 이해해 둔다.

⑨ 긴급 대처법(약품이 피부에 묻거나 눈에 들어갔을 때 등)을 작성해 둔다.

⑩ 정기적으로 안전교육 강습회를 개최한다.

⑪ 안전교육을 받았을 때, 수강자로부터의 인정서 등을 남겨 둔다. ⇒ 전원이 공통 인식하고 있는지를 확인

⑫ 안전교육을 받지 않은 구성원(다른 부서로부터의 이동, 신입사원 등)은 실험실에 들어갈 수 없다.

⑬ 전기계통의 배선 용량, 먼지에 주의 ⇒ 과열, 누전의 방지

⑭ 가능한 한 사용하지 않는 전원은 꺼 둔다.

6-4 작업 시의 복장 및 보호장비

작업을 실시할 때의 복장 및 보호장비는 특히 시약에 의한 손상을 막기 위해서 필요 불가결하다. 복장 및 보호장비의 종류를 아래에 나타낸다.

① 흰옷, 작업복(작업내용에 따라서는 내약품성의 것). 무진 작업복(클린 룸용)

② 장갑(찢어지기 어려운 것, 샘플을 오염시키지 않는 것)

③ 보호안경(상부, 측면도 덮인 것) 또는 보호면

④ 구두(발끝이 열려 있지 않은 것) ⇒ 필요에 따라서 구두의 앞이 단단한 안전화
⑤ 마스크(방진, 방독면 등) 등

특히 반도체 분야 등의 초미량 분석을 실시하는 경우, 보호도구로서의 역할뿐만 아니라 샘플의 오염방지를 위해서 사용되는 일도 많기 때문에 목적에 맞은 것을 선택할 필요가 있다.

장갑을 착용해 약액 등을 취급하는 경우 다른 작업을 하려면 주의가 필요하다.

예를 들면 장갑에 약액이 부착한 채로 PC나 문 등에 접촉함으로써 약액이 옮겨, 다른 작업자가 맨손으로 접촉하여 시약에 의한 손상을 일으킬 가능성이 있다.

실험실 내에서는 반드시 장갑을 착용하고, 작업마다 장갑을 교환하고, 장갑을 세정하는 등의 규칙을 결정해 둘 필요가 있다.

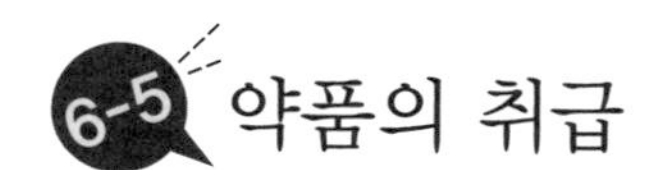

6-5 약품의 취급

6.5.1 소방법 위험물

특히, 소방법에서의 위험물에 관한 분류에 대해 〈표 6.2〉에 나타낸다. 〈표 6.2〉와 같이 6종류로 분류되고 있다.

각 항목에는 지정 수량이 정해져 있고 〈표 6.3〉과 같이 지정 수량(N)에 대해서 실험실 내에 보관되고 있는 약품의 저장량(T)과의 비율(T/N)을 구해 그 합계를 산출한다.

이 합계의 값에 따라 신고의 필요성이 다르다(0.2 이하는 신청 없음(소방법 준수), 0.2~1 미만은 소량 위험물 저장 취급소로서 소방서에 신고, 1 이상은 신청해 허가를 얻을 필요가 있다).

6.5.2 약품의 보관방법

〈표 6.4〉는 약품의 분류에 대해서 같은 약품창고 내에서 저장이 가능한가를 나타낸 것이다. ○은 저장 가능, ×는 저장 불가이다.

예를 들면, 제1류의 약품은 제6류와 함께 보관해도 되지만 다른 약품과는 같은 약품창고 안에 보관해서는 안 된다.

〈표 6.2〉 소방법 위험물

종류별	성질	품 명 예
제1류	산화성 고체	1. 염소산염류
		2. 과염소산염류
		3. 무기과산화물 등
제2류	가연성 고체	1. 황화인
		2. 적린
		3. 황 등
제3류	자연 발화성 물질 및 금수성 물질	1. 칼륨
		2. 나트륨
		3. 알킬알루미늄 등
제4류	인화성 물질	1. 특수 인화물(디에틸에테르 등)
		2. 제1석유류 (가솔린 등)
		3. 알코올류 등
제5류	자기 반응성 물질	1. 유기과산화물
		2. 질산에스테르류
		3. 니트로화합물 등
제6류	산화성 액체	1. 과염소산
		2. 과산화수소
		3. 질산 등

또, 지진 등에 의한 약품의 전도나 낙하를 방지한다.

위험물의 저장량에 따라 저장고에 게시판을 설치한다(그림 6.3).

게시판은 흰색 바탕의 판(폭 0.3m×길이 0.6m 이상)에 검은색 문자로 보기 쉬운 장소에 표시하도록 한다.

6.5.3 독물 및 극물 취급

독물, 극물이란 무엇인가?

예를 들면, 체중 1kg당 경구 투여의 반수치사량(LD_{50})을 다음과 같이 나타낸다.

〈표 6.3〉 지정 수량과 실험실 내의 저장량(예)

류별	품명 예	종별	지정수량(N)	단위	저장수량(T)	비율(T/N)
제1류	1. 염소산염류	제1종	50	kg	1	0.02
제4류	1. 특수인화물		50	L	0.1	0.002
	2. 제1석유류	비수용성	200	L	20	0.1
		수용성 S	400	L	20	0.05
	3. 알코올류		400	L	20	0.05
	4. 제2석유류 (등유 등)	비수용성	1,000	L	10	0.01
		수용성 S	2,000	L	10	0.005
	5. 제3석유류	비수용성	2,000	L	10	0.005
		수용성 S	4,000	L	8	0.002
	6. 제4석유류		6,000	L	6	0.001
	7. 동식물유류		10,000	L	0	0
제6류	1. 과염소산		300	kg	0.6	0.002
합계						0.247

〈표 6.4〉 약품의 저장

	제1류	제2류	제3류	제4류	제5류	제6류
제1류	−	×	×	×	×	○
제2류	×	−	×	○	○	×
제3류	×	×	−	○	×	×
제4류	×	○	○	−	○	×
제5류	×	○	×	○	−	×
제6류	○	×	×	×	×	−

독물…LD_{50} = 50mg/kg 표기: 의약품 외 독물 (적색 바탕에 흰색 문자)
극물…LD_{50} = 300mg/kg 표기: 의약품 외 독물 (흰색 바탕에 적색 문자)

특히 독물 및 극물의 관리에는 주의가 필요하다.
① 분실이나 도난을 방지해야 한다.
② 관리표를 작성해 사용일자마다 사용량, 잔량을 입력한다.

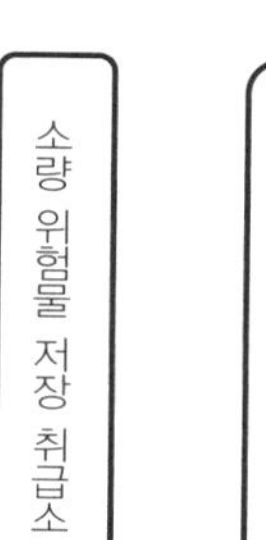

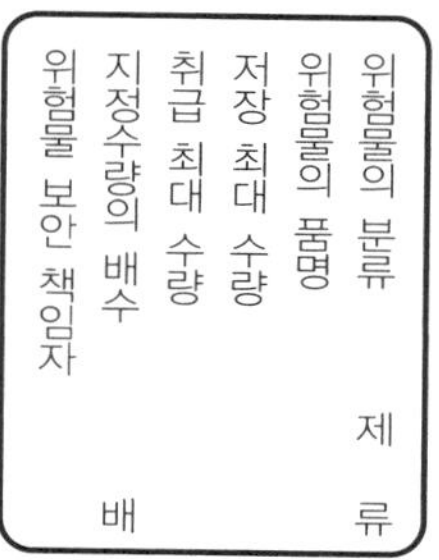

〈그림 6.3〉 게시판 예

③ 자물쇠가 있는 약품고에 보관한다.

④ 만일, 분실 · 도난이 있을 경우에는 경찰서 · 보건소 등에 긴급하게 연락한다.

⑤ 구입 시 구입증이 필요(품명 · 구입일 · 구입자 등)

6.5.4 유해물질의 하수 유출 방지

실험실에서 사용한 유해한 물질은 절대로 하수구에 버려서는 안 된다.

유해한 물질을 사용할 때는 아래와 같은 것에 주의하지 않으면 안 된다.

① 실험에 사용한 용액은 모두 회수한다.

② 실험에 사용한 용기를 세정할 때, 세정액(초순수 · 수돗물 · 유기용매 등)도 회수한다.

③ 세정은 몇 차례 이상 실시하고, 모든 세정액을 회수한다.

④ 정기적으로 하수 직전의 폐수를 채취해 확인한다(그림 6.4 참조. 금속류 · 유기물 · pH 등).

⑤ 하수용, 회수 용기용을 분별할 수 있는 싱크대도 시판되고 있으므로 필요에 따라 사용하면 좋다(그림 6.4).

6-6 고압가스 취급

고압가스란 글자 그대로 높은 압력의 가스이다. 여기서의 고압가스는 압축가스와 액화가스로 크게 분류되고 압축가스는 1.0MPa 이상으로 존재하는 것이고, 액화가스는

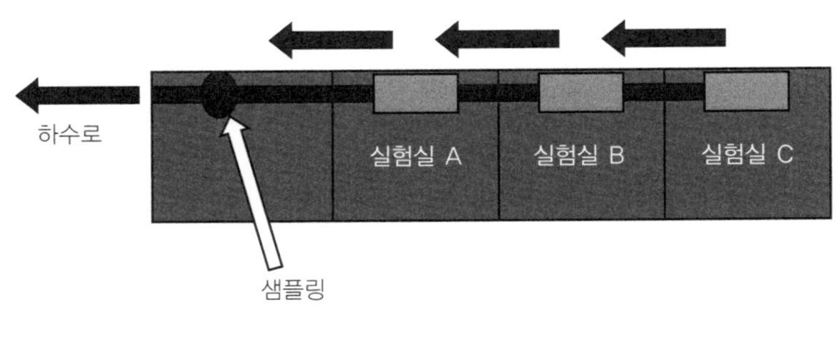

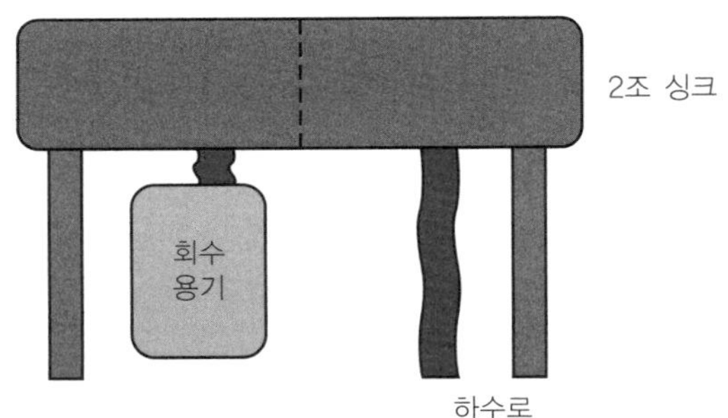

〈그림 6.4〉 폐액의 하수 유출 방지

0.2MPa 이상으로 존재하는 것을 가리킨다.

고압가스에는 불활성·독성·가연성 등의 종류가 있다. 가스 봄베는 일반적으로 회색이지만 산소 가스나 수소 가스, 아세틸렌 가스 등의 비교적 위험성이 높은 가스는 색깔이 다르게 분류되어 있다(산소 가스-흑색, 수소 가스-적색, 아세틸렌 가스-갈색). 또, 가연성 가스에는 (가연), 독물 가스에는 (독)의 문자가 명기되어 있다.

6.6.1 조정기의 선택

가스 봄베에는 가스압력 조정기가 필요하며 조정기는 크게 나누어 2종류가 있다. 봄베에는 오른쪽 나사와 왼쪽 나사가 있고, 왼쪽 나사에는 〈그림 6.5〉와 같은 홈이 있으므로 분별할 수가 있다.

가스의 종류에 따라 조정기가 다르므로 사용하는 가스 봄베 전용의 것을 사용하지 않으면 안 된다.

봄베를 사용할 때에 특히 주의가 필요한 경우는 봄베를 교환할 때이다. 가스 누출이

오른쪽 나사(홈 없음)
아르곤, 질소 등

왼쪽 나사(홈 있음) 헬륨, 메탄

〈그림 6.5〉 조정기

생기지 않는가를 확인하면서 교환할 필요가 있다.

또, 지진이 있을 경우 등에는 배관(특히 접속부)에 균열이 생길 수 있기 때문에 사용 전에 가스 누출을 확인할 필요가 있다.

6.6.2 압력 조정기 부착 시의 주의점

압력 조정기 부착 시의 주의점은 다음과 같다(그림 6.6).

① 봄베를 열기 전에 압력 조정 핸들을 완화해 둔다.

② 봄베의 밸브는 천천히 연다.

③ 압력 조정 핸들을 천천히 돌려 지정된 압력으로 조정한다.

봄베와 압력 조정기 사이에 이용하는 패킹은 열화하기 쉽기 때문에 정기적으로 확인, 교환을 실시한다.

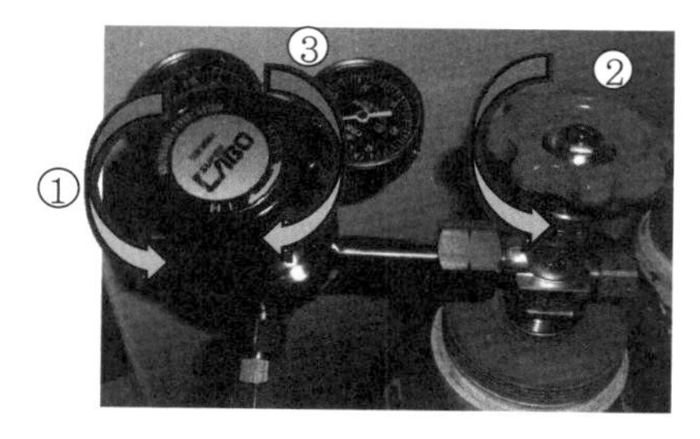

〈그림 6.6〉 압력 조정기의 장착

6.6.3 가스 누출 확인방법

봄베를 교환, 설치한 후에는 반드시 가스 누출을 확인해야 한다. 가스 누출 확인방법(예)은 아래와 같다(그림 6.7).

① 봄베를 연다.

② 출구(분석기기 등) 측의 밸브를 닫는다.

③ 조정기의 압력을 확인한다.

④ 봄베를 닫는다(압력이 곧바로 내려가지 않는 것을 확인한다).

⑤ 몇 시간 후 압력을 확인해 변화가 있는지를 본다.

필요에 따라 가스 검지기를 이용해 확인한다.

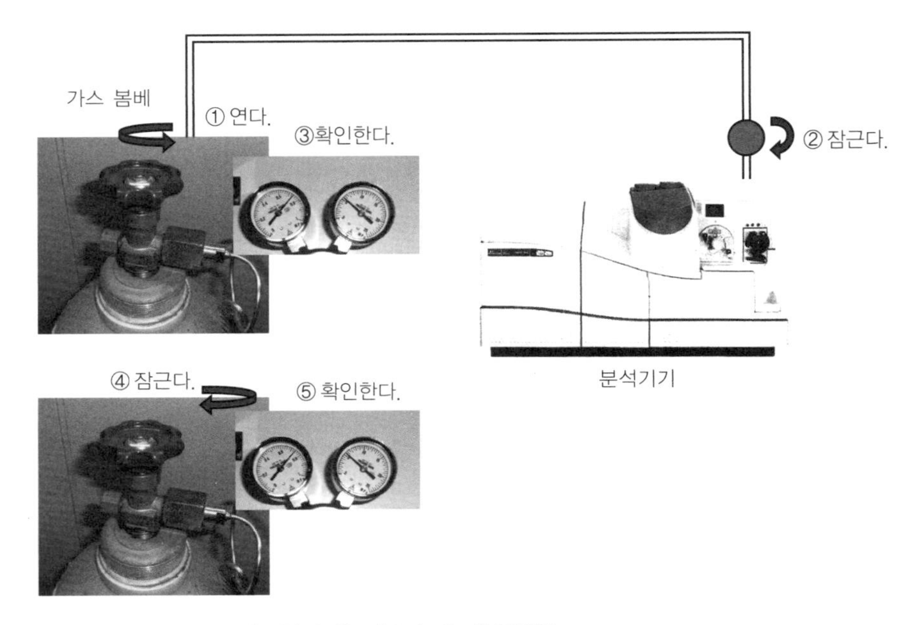

〈그림 6.6〉 가스 누출 확인방법

가스 누출이 발견된 경우에는 다시 잠그고 발포액, 가스 검지기를 이용하여 새고 있는 장소를 확인한다. 필요에 따라 가스 라인을 교환한다.

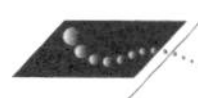

6.6.4 고압가스의 설치방법

고압가스를 설치하는 경우 다음 사항에 주의해야 한다(그림 6.8).

① 반드시 봄베 설치대를 설치하고, 또 마루나 벽에 고정할 것

② 봄베는 상하 2곳 이상, 쇠사슬로 봄베대에 고정할 것

③ 사용하지 않을 때에는 반드시 메인 밸브를 잠가 둘 것

④ 직사광선이나 고온이 되는 장소에 보관하지 않을 것

⑤ 환기가 잘 되는 장소에 설치할 것

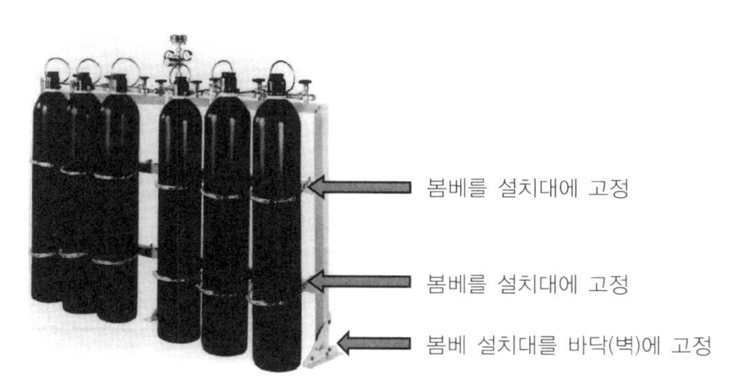

〈그림 6.8〉 고압가스 설치방법

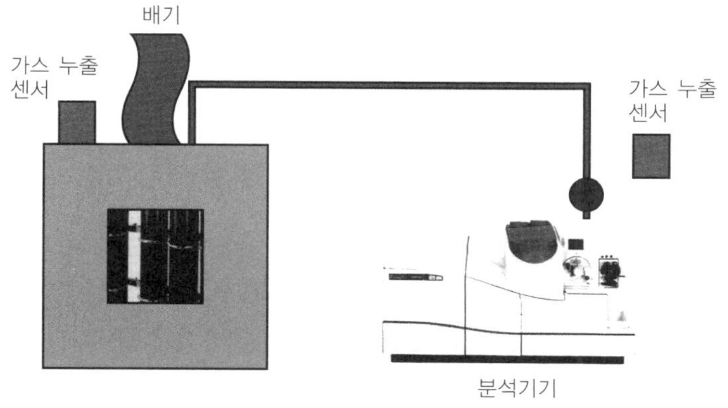

〈그림 6.9〉 고압가스 설치방법(실린더 캐비닛)

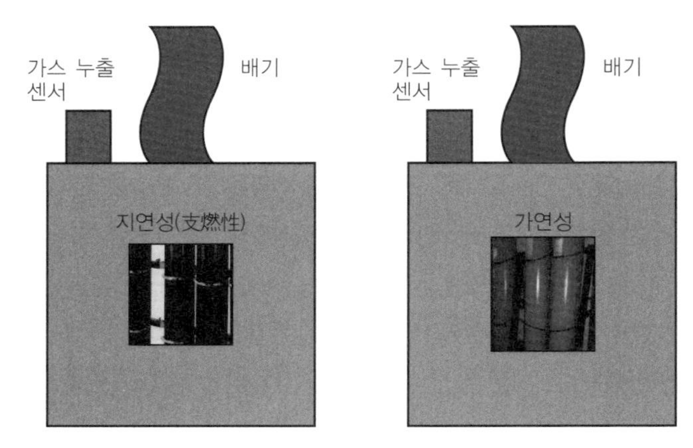

〈그림 6.10〉 고압가스 설치방법(가스 종류별)

〈그림 6.11〉 봄베 전용 손수레

가스의 종류에 따라는 실린더 캐비닛 내에서 보관할 필요가 있다(그림 6.9). 필요에 따라서 가스 누출 센서를 설치한다. 가스 누출 센서는 가스 누출 가능성이 있는 장소에 설치한다(접속부 등).

가스의 종류(가연성, 지연성(支燃性) 등)에 따라서는 같은 장소에서 보관할 수 없는 것이 있으므로 주의한다(그림 6.10).

봄베를 이동하려면 봄베 전용의 손수레를 사용해야 하며(그림 6.11), 또 반드시 쇠사슬로 고정하고 이동해야 한다.

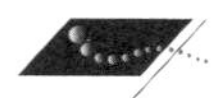

6.6.5 고압가스의 저장량

고압가스보안법에 게재되어 있는 고압가스의 저장에 관해서 아래와 같이 나타낸다.

고압가스보안법에 게재되어 있는 고압가스의 저장은 제1종 저장소(허가) 및 제2종 저장소가 있고, 저장량이나 가스종에 따라 구분된다(표 6.5).

또, 고압가스보안법 시행령 제7조에 정해진 특정 고압가스를 〈표 6.6〉에 나타낸다. 1~7은 용량에 상관없이 용기 1개라도 저장해 소비하면 특정 고압가스 소비 신고의 대상이 된다.

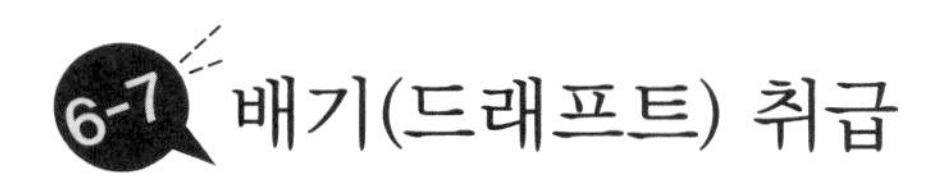

6-7 배기(드래프트) 취급

배기는 유해한 가스를 작업자가 들이 마시지 않게 하기 위해서도 필요하다.

〈표 6.5〉 고압가스보안법에 따른 저장소의 분류

	제1종 저장소 (허가)	제2종 저장소 (신고)
제1종 가스만	3,000m³ 이상	300~3,000m³
제1종 가스 이외	1,000m³ 이상	300~3,000m³
제1종 가스 및 기타 가스가 혼재	상기 저장량 미만이고, Y가 N보다 큰 경우	상기 저장량 미만이고, Y가 N보다 작다. 300m³ 이상인 경우

$N=1,000+2/3\times M$

Y : 저장량의 합계(m³)

N : 고압가스보안법 시행령 제5조 제3항 아래 란의 경제산업성령으로 정하는 값[m³]

M : 제1종 가스의 저장능력을 합산한 값(단위 m³). 단 $0<M<3,000$

제1종 가스 : 헬륨, 네온, 아르곤, 크립톤, 크세논, 라돈, 질소, 이산화탄소(탄산 가스), 플루오로카본(가연성의 것을 제외한다).

〈표 6.6〉 특정 고압가스

	고압가스 종류	수량
1	모노실란	$0m^3$
2	포스핀	$0m^3$
3	아르신	$0m^3$
4	디보란	$0m^3$
5	셀렌화수소	$0m^3$
6	모노게르만	$0m^3$
7	디실란	$0m^3$
8	압축 수소	$300m^3$
9	압축 천연가스	$300m^3$
10	액화 산소	$300m^3$ (3,000kg)
11	액화 암모니아	$300m^3$ (3,000kg)
12	액화 석유가스	$300m^3$ (3,000kg)
13	액화 염소	$100m^3$ (1,000kg)

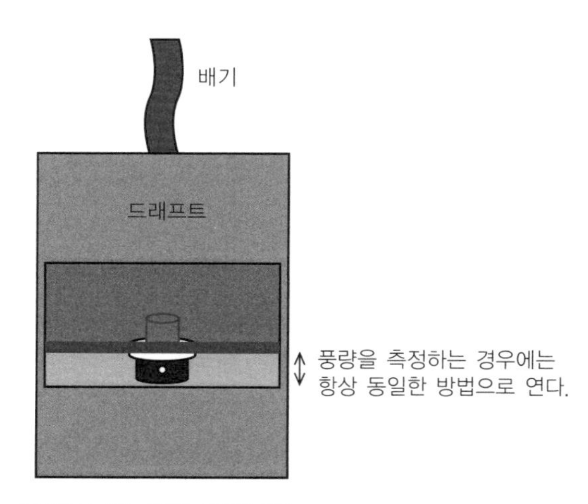

〈그림 6.12〉 배기 드래프트

풍측계를 이용해 정기적으로 충분히 배기되고 있는지 확인할 필요가 있다.

이때 문을 여는 방법에 따라 풍량값이 다르므로 언제나 같은 상태(문을 여는 크기를 통일한다)에서 측정한다(그림 6.12).

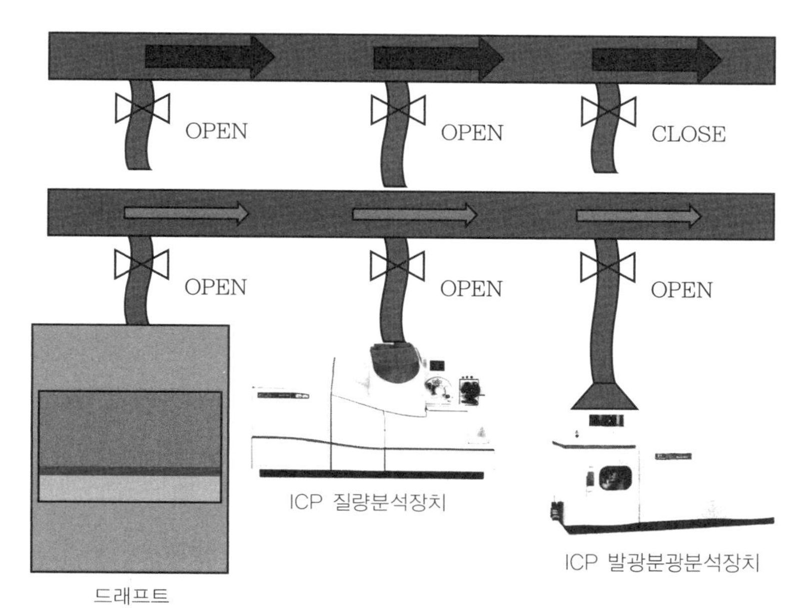

〈그림 6.13〉 복수 설치 시의 주의점

또, 작업할 때에는 필요 이상으로 문을 열지 않는 것이 중요하다.

이것은 배기량을 확보하는 동시에 드래프트 내에서 처리하고 있는 약품이 갑자기 끓어올랐을 때 작업자가 시약으로 인한 피해를 입지 않도록 하기 위해서다.

복수의 드래프트나 장치를 하나의 팬으로 배기하고 있는 경우, 개폐에 따라 배기량이 변화하므로 주의가 필요하다(그림 6.13).

특히 각각 작업자가 다른 경우에는 배기량이 변화하는 것을 서로 인식하는 것이 중요하다.

드래프트에는 배기만을 목적으로 한 것이나 특히 유기용매의 악취나 유독가스 등의 제거를 목적으로 활성탄 필터를 부착한 것(건식 스크러버), HEPA 필터를 이용한 깨끗한 전처리를 목적으로 한 것(클린 드래프트), 순환수에 의한 샤워를 이용한 습식 스크러버를 내장하고 있는 것 등이 있다. 각각의 목적에 맞추어 선택하면 좋다(그림 6.14).

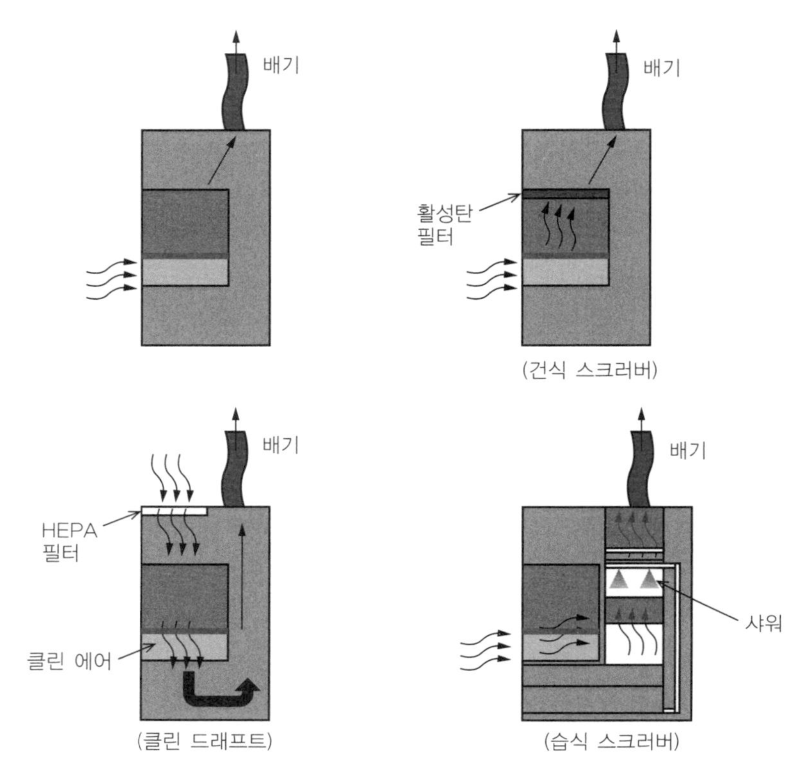

〈그림 6.14〉 드래프트의 종류

또, ICP 질량분석법 등의 분석장치에 의한 측정 시에 개방된 샘플로부터 유해한 가스가 발생하는 경우에는 작업자가 가스를 흡인하지 않게 배기한다.

오토샘플러를 사용하는 경우에는 다수의 샘플의 뚜껑이 개방되기 때문에 오토샘플러 자체를 커버로 덮어 배기하는 등의 조치도 필요하다(그림 6.15).

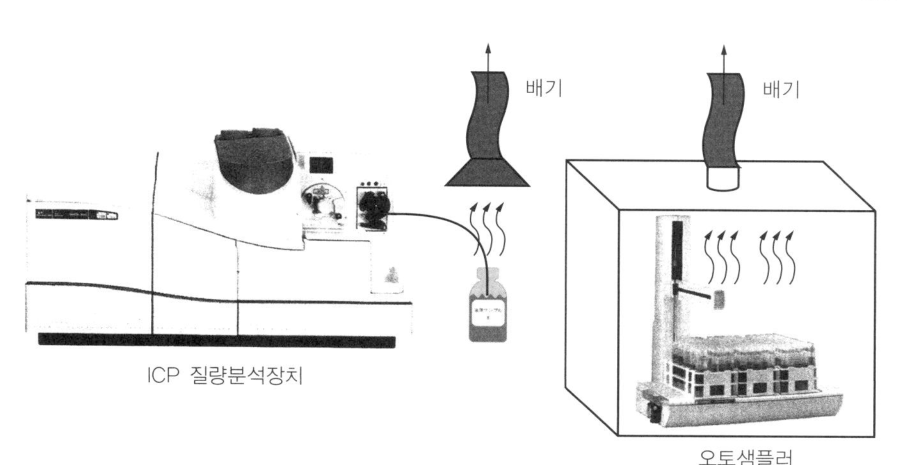

〈그림 6.15〉 샘플러로부터 유해가스의 배기

6-8 작업환경 측정 및 특수 건강진단

6.8.1 작업환경 측정

아래는 노동안전위생법 시행령의 일부이다. 여기에는 작업환경의 측정을 실시해야 할 작업장이 기록되어 있다.

(작업환경 측정을 실시해야 할 작업장)

제21조 법 제65조 제1항의 정령으로 정하는 작업장은 다음과 같다.

1. 토석·암석·광물·금속 또는 탄소의 분진을 현저하게 발산하는 옥내 작업장으로 후생 노동성령으로 정한 것
2. 혹서, 한냉 또는 다습의 옥내 작업장에서 후생 노동성령으로 정하는 것
3. 현저한 소음을 발하는 옥내 작업장에서 후생 노동성령으로 정하는 것
4. 갱내의 작업장에서 후생 노동성령으로 정하는 것
5. 중앙관리방식의 공기조화설비(공기를 정화해 그 온도, 습도 및 유량을 조절해 공급할 수가 있는 설비를 말한다)를 마련하고 있는 건축물의 방으로 사무소용으로 제공되는 것
6. 별표 제2에 게재된 방사선 업무를 실시하는 작업장에서 후생 노동성령으로 정하는 것

7. 별표 제3 제1호 또는 제2호에 게재한 특정화학물질을 제조하거나 취급하는 옥내 작업장(동호 15에 게재된 것 또는 동호 37에 게재된 것으로 동호 15와 관련되는 것을 제조하고 또는 취급하는 작업으로 후생 노동성령으로 정하는 것을 실시하는 것을 제외한다), 석면 등을 취급하거나 시험연구를 위해 제조하는 옥내 작업장 또는 코크스로 상에 있는 혹은 코크스로에 접해 코크스 제조의 작업을 실시하는 경우의 해당 작업장
8. 별표 제4 제1호로부터 제8호까지, 제10호 또는 제16호에 게재된 납업무(원격 조작에 의해 실시하는 격리실에 있어서의 것을 제외하다)를 실시하는 옥내 작업장
9. 별표 제6에 게재된 산소결핍 위험장소에서 작업을 실시하는 경우의 해당 작업장
10. 별표 제6의 2에 게재된 유기용제를 제조하거나 또는 취급하는 업무로 후생 노동성령으로 정하는 것을 실시하는 옥내 작업장

위의 7 및 10에 나타내는 별표는 아래와 같다.

별표 제3 특정화학물질

1. 제1류 물질
   1. 디클로로벤지딘 및 그 염
   2. 알파나프틸아민 및 그 염
   3. 염소화비페닐 (별명 PCB)
   4. 오르토-톨리딘 및 그 염
   5. 디아니시딘 및 그 염
   6. 베릴륨 및 그 화합물
   7. 벤조트리클로라이드
   8. 1부터 6은 그 중량의 1%를 넘어 함유하거나, 또는 7의 물질을 그 중량의 0.5%를 넘어 함유하는 제재 기타의 물질(합금의 경우는 베릴륨을 그 중량의 3%를 넘어 함유하는 것에 한정한다).

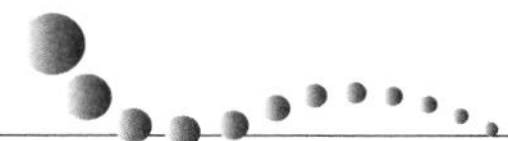

2. 제2류 물질

1. 아크릴아미드
2. 아크릴로니트릴
3. 알킬수은 화합물
(알킬기가 메틸기 또는 에틸기인 것에 한정한다.)

3의 2 인듐 화합물

3의 3 에틸벤젠

4. 에틸렌이민
5. 에틸렌옥사이드
6. 염화비닐
7. 염소
8. 오라민
9. 오르토프탈로디니트릴
10. 카드뮴 및 그 화합물
11. 크롬산 및 그 염
12. 클로로메틸메틸에테르
13. 오산화바나듐

13의 2 코발트 및 그 무기 화합물 등

별표 제6의2 유기용제

아세톤

이소부틸알코올

이소프로필알코올

이소펜틸알코올(별명 : 이소아밀알코올)

에틸에테르

에틸렌글리콜모노에틸에테르(별명 : 셀로솔브)

에틸렌글리콜모노에틸에테르 아세테이트

(별명 : 셀로솔브 아세테이트)

에틸렌글리콜모노-노말-부틸에테르

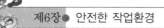

(별명 : 부틸셀로솔브)
에틸렌글리콜모노메틸에테르(별명: 메틸셀로솔브)
오르토디클로로벤젠
크실렌
크레졸
클로로벤젠
클로로포름 등

특히 1, 6의 일부 및 7, 8, 10의 작업환경에 적합한 경우에는 1개월 또는 6개월에 1회의 비율로 작업환경 계량사에 의한 측정을 의무화하고 있는 지정 작업장이다.

6.8.2 특수 건강진단

일정한 특수작업을 실시하는 작업자는 특수 건강진단을 받을 필요가 있다. 여기서는 특수 건강진단의 일례를 소개한다.

건강진단
일정한 유해 업무에 종사하는 노동자에 대한 건강진단(안위법 제66조 제2항 전단)
① 특정화학물질 건강진단(특화칙 제39조 제1항)
② 석면 건강진단(석면칙 제40조 제1항)
③ 납 건강진단(납칙 제53조)
④ 4알킬납 건강진단(4알킬칙 제22조)
⑤ 유기용제 건강진단(유기칙 제29조)

일정한 유해 업무에 종사한 일이 있는 노동자에 대한 건강진단(안위법 제66조 제2항 후단)
① 특정화학물질 건강진단(특화칙 제39조 제2항)
② 석면 건강진단(석면칙 제40조 제2항)

일정한 유해 업무에 종사하는 노동자에 대한 치과 건강진단(안위법 제66조 제3항)

6-9 산업폐기물

실험실로부터 배출되는 산업폐기물에는 아래와 같은 것이 있다.

① 폐산(특별관리 산업폐기물)
② 폐유(특별관리 산업폐기물)
③ 폐알칼리(특별관리 산업폐기물)
④ 감염성 산업폐기물(특별관리 산업폐기물)
⑤ 금속 쓰레기
⑥ 폐플라스틱류
⑦ 오니(진흙탕)
⑧ 기타

특별관리 산업폐기물을 취급하는 경우, 특별관리 산업폐기물 관리자를 둘 필요가 있고 그 자격조건은 다음과 같다.

① 의사 · 치과 의사 · 간호사 등의 의료자격(감염성 산업폐기물)
② 학력과 실무 경험을 겸비
③ 실무 경험
④ 기타

주요 역할로는 다음의 내용이 있다.

- 특별관리 산업폐기물의 배출 상황 파악
- 특별관리 산업폐기물의 처리 계획 입안
- 적정한 처리 방법 확보
- 보관 상황 확인
- 위탁업자의 선정이나 적정한 위탁 실시
- 매니페스트의 교부나 보관

배출 사업자는 산업폐기물의 운반 및 처리를 타인에게 위탁하는 경우에는 위탁계약을 사전에 체결해 둘 필요가 있다.

배출사업자는 위탁업자가 언제, 어디로 운반해, 어떻게 처리를 실시했는지를 매니페스트(산업폐기물 관리표)에 의해 체크할 필요가 있다.

또, 각 공정(운반·처리·최종 처리)에 대해서 일정기간 내에 실시되고 있는지도 확인할 필요가 있다.

매니페스트는 일정기간 보관해 두지 않으면 안 된다. 1년에 1회, 각 도·도부·현·시·읍·면 등에 대해 연간 처리 내용을 정리해 보고할 필요가 있다.

최근에는 PC상에서 산업폐기물의 상황을 확인할 수 있는 전자 매니페스트도 편리한 도구(tool)로서 이용되고 있다

주의점

폐수용기에 폐수를 넣었을 때, 반응에 의해 가스를 발생하는 일이 있다.

용기 내부의 압력이 높아져서 용기가 파열되는 등의 우려가 있기 때문에 폐수를 넣은 직후는 곧바로 뚜껑을 닫아선 안 된다. 또, 그때에는 배기에도 충분히 주의할 필요가 있다.

용기에는 폐액을 가득 넣지 말고 70% 정도를 기준으로 하면 좋다.

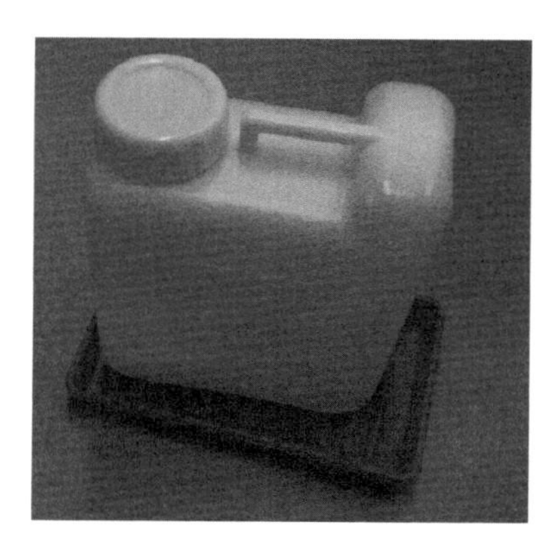

〈그림 6.16〉 폐액 용기

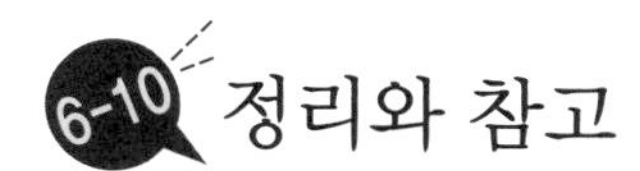

정리와 참고

정리

① 안전한 작업환경은 실험을 시행함에 있어 필수이며, 가장 먼저 생각해야 할 사항이다.

② 드래프트, 가스 배관 등은 정기적으로 점검해 문제가 없음을 확인한다.

③ 안전한 작업환경에서 작업하고 있기 때문에 괜찮을 것이라고 방심하지 않는 것이 중요하다.

④ 작업환경이 안전한 것은 당연하지만, 작업환경 이외(대기·하수 등)에도 유해한 것을 배출하지 않는 것이 중요하다.

⑤ 작업하는 내용에 따라서는 작업환경을 정기적으로 측정해야 한다.

⑥ 작업하는 내용에 따라서는 정기적으로 특수 건강진단을 받을 필요가 있다.

⑦ 특별 산업폐기물은 분별해 배출하지 않으면 안 되며, 최종 처리될 때까지 확인해야 한다.

⑧ 각 도·도부·현·시·읍·면에 의해 내용이 다를 수도 있으므로 각자 확인해야 한다.

【참고문헌】

1) 労働安全衛生法
2) 特定化学物質障害予防規則
3) 消防法
4) 毒物及び劇物取締法
5) PRTR（Pollutant Release and Transfer Register）制度
（化学物質排出移動量届出制度，環境汚染物質排出移動登録制度）
6) 高圧ガス保安法
7) 水質汚濁防止法
8) 下水道法
9) 廃棄物処理法
10) 大気汚染防止法
11) 土壌汚染対策法

제 7 장

분석값의 품질 보증

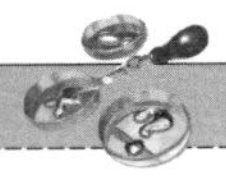

7-1 처음에

분석의 신뢰성은 분석을 실시하는 기술은 물론이거니와 분석기로부터 출력한 수치 취급이나 최종적인 보고서의 기술에도 관계한다. 분석기술 역시 단순히 분석기를 조작하는 기술은 아니고, 사용하는 기기가 목적으로 하는 분석에 대응하고 있는가, 혹은 분석기기를 설치하는 환경에 어울리는가에도 의존한다. 그 때문에 분석의 신뢰성을 확보하려면 이러한 모든 항목을 일정한 레벨 이상으로 하지 않으면 안 된다. 본 장에서는 분석값에 관한 품질 보증, 즉 양을 나타내는 방법, 수치의 기본적인 취급방법 및 측정값의 불확실도 산출 방법 등 기본적인 사항에 대해 해설한다.

7-2 양과 SI 단위

일반적으로 '잰다'라고 하는 어구는 한자로 '계측(計測)하다'를 뜻한다. 이러한 어구는 같은 의미에서도 사용 목적에 따라 나누어 사용할 수 있다. 예를 들면, '길이나 면적을 측정한다', '수나 시간을 잰다'나 '무게나 용적을 잰다'와 같이 표기된다. 또, 이러한 어구를 조합한 숙어로서 '계측·계량·측정' 등의 용어가 있다. 평소 무심코 사용하고 있는 용어지만 각각 의미하는 바에 따라 사용되고 있다.

동일한 말에 대해 각각 의미가 다르거나 사용하는 분야, 사회 혹은 지역 등에서 말의 의미가 다르면, '재다'의 결과로 생긴 수치는 더 이상 아무런 의미를 갖지 않는 숫자가 된다.

그 때문에, 계량 계측 분야의 최신 국제적인 공통의 용어와 그 정의로서 VIM 제3판 {국제 계량 계측 용어 기본 및 일반 개념 및 관련 용어 : ISO/IEC Guide 99 : 2007. TS Z 0032 : 2012(번역판)}가 발행되었다. 여기에 나타내는 TS Z 0032 : 2012는 표준 사양서인 최신판으로 일본공업규격에서는 VIM 제2판에 근거한 JIS Z 8103 :

JIS : Japanese Industrial Standards, 일본공업규격
TS : Technical Specifications, 표준 사양서
ISO; International Organization Standardization, 국제표준화기구
IEG : International Electrotechnical Commission, 국제전기표준회의
VIM ; International Vocabulary of Metrology, 국제 계량 계측 용어 또는 국제 계량 용어

2000(계측 용어)이 있다. 어쨌든 국제 규격인 VIM에 부합하도록 JIS/TS화된 것이지만 용어의 정의 표기가 차이가 나는 일이 있다. 예를 들면 '측정(measure-ment)'의 정의에 대해 TS에서는 "어떤 양에 합리적으로 결부시키는 것이 가능한 1개 이상의 양의 값을 실험적으로 얻는 프로세스"라고 정의되어 있지만, JIS에서는 "어떤 양을 기준과 비교해 수치 또는 부호를 이용해 나타내는 것"이라고 정의되어 표기가 완전히 차이가 난다.

여기서 말하는 '양(quantity)'이란 TS에서는 "수치와 계량 참조(reference)와의 조합으로서 나타낼 수가 있는 크기를 가지며, 현상·물체 또는 물질의 성질"이라고 정의되어 있고, JIS에서는 "현상·물체 또는 물질이 가지는 속성으로서 정성적으로 구별할 수 있고 또한, 정량적으로 결정할 수 있는 것"이라고 정의된 것이다. TS 및 JIS에 대해서도 어렵게 정의되어 있지만, 양(量)이라고 하는 용어는 길이·시간·질량·농도와 같이 일반적인 양으로서 이용되는 일도 있지만 어떤 막대의 길이, 어떤 염산용액의 농도와 같이 개별 특정의 양에 대해서 이용되는 일도 있다.

7.2.1 기본량과 기본단위

양(量)은 같은 종류의 것에 대해 서로 '크다', '작다'라고 하는 비교를 할 수 있는 크기의 성질을 가지는 것이므로 그 크기를 나타내는 것이 양의 값이다. 또, 이와 같이 비교할 수가 있는 양의 모임을 양 체계라고 한다. 양의 값은 크기를 나타내는 수치와 단위의 곱으로서 나타낸다. 그 단위는 동일한 양 체계에 있어서 기준으로 이용하는 일정한 크기의 양을 말하며 약속에 따라 정해진 것이다. 뿐만 아니라 그 수치는 단위에 대한 양의 값의 비가 된다. 그런데, 일본에서는 계량법에 있어서 양을 '물상(物象)의 상태의 양', 단위를 '계량단위'라고 하고 있다.

〈표 7.1〉 SI 기본단위

기본량	SI 기본단위		기본량	SI 기본단위	
	명칭	기호		명칭	기호
길이	미터	m	열역학 온도	켈빈	K
질량	킬로그램	kg	물질량	몰	mol
시간	초	s	광도	칸델라	cd
전류	암페어	A			

많은 양 체계에 있어서의 물리량은 서로 모든 것이 독립된 것이 아니고, 물리학의 법칙 혹은 정의에 따라 서로 관련지을 수 있는 것이 많다. 이 가운데 독립인 물리량을 기본량이라고 하고, 기본량의 유도에 의해 도출된 물리량을 유도량이라고 한다. 또, 채용된 기본량의 측정단위를 기본단위라고 하고, 유도량의 측정단위를 유도단위라고 한다. 국제 단위계(SI)의 기본단위로는 〈표 7.1〉에 나타내는 7개의 기본량과 거기에 대응한 기본단위(명칭·기호)가 정해져 있다.

7.2.2 유도량과 유도단위

모든 양은 기본량을 유도한 유도량으로 표기할 수 있어, 기본단위의 곱 또는 나누기로 정의되는 유도단위를 단위로 하여 계산된다. 예를 들면, 면적의 단위는 미터를 제곱하는 제곱미터[m^2], 속도의 단위는 미터를 초로 나눈 미터매초[m/s]이다. 이러한 기본단위를 이용해 나타내는 SI 유도단위의 예를 〈표 7.2〉에 나타낸다. 또한, 굴절률이나

〈표 7.2〉 기본단위를 이용해 나타내는 SI 유도단위의 예

유도량	SI 유도단위	
	명칭	기호
면적	제곱미터	m^2
부피	세제곱미터	m^3
속력, 속도	미터매초	m/s
가속도	미터매제곱초	m/s^2
파동수	매미터	m^{-1}
밀도, 질량 밀도	킬로그램매세제곱미터	kg/m^3
면적밀도	킬로그램매제곱미터	kg/m^2
비체적	세제곱미터매킬로그램	m^3/kg
전류 밀도	암페어매제곱미터	A/m^2
자기장의 세기	암페어매미터	A/m
물질량의 농도	몰매세제곱미터	mol/m^3
질량농도	킬로그램매세제곱미터	kg/m^3
광휘도	칸델라매제곱미터	cd/m^2
굴절률	(수의) 1	1[(a)]
비투자율	(수의) 1	1[(a)]

(a) 양은 수치로 나타내고, 단위기호 '1' 은 표시하지 않는다.

비투과율과 같이 차원을 갖지 않는 무차원량을 '차원 1의 양'이라고 해, 기호는 '1'이지만 표시를 하지 않는다. 즉, 모든 양에 대응하는 차원의 지수가 0의 경우, 1이 된다고 한 것에 유래하고 있다

〈표 7.3〉 고유의 명칭과 기호로 나타내는 SI 유도단위

유도량	SI 유도단위			
	명칭	기호	다른 SI 단위에 의한 표시	SI 기본단위에 의한 표시
평면각	라디안	rad	1	m/m
입체각	스테라디안	sr	1	m^2/m^2
주파수	헤르츠	Hz		s^{-1}
힘	뉴턴	N		$m \cdot kg \cdot s^{-2}$
압력, 응력	파스칼	Pa	N/m^2	$m^{-1} \cdot kg \cdot s^{-2}$
에너지, 일, 열량	줄	J	N·m	$m^2 \cdot kg \cdot s^{-2}$
일률, 공률, 방사속	와트	W	J/s	$m^2 \cdot kg \cdot s^{-3}$
전하, 전기량	쿨롬	C		s·A
단위차(전압), 기전력	볼트	V	W/A	$m^2 \cdot kg \cdot s^{-3} \cdot A^{-1}$
정전용량	패럿	F	C/V	$m^{-2} \cdot kg^{-1} \cdot s^4 \cdot A^2$
전기저항	옴	Ω	V/A	$m^2 \cdot kg \cdot s^{-3} \cdot A^{-2}$
컨덕턴스	지멘스	S	A/V	$m^{-2} \cdot kg^{-1} \cdot s^3 \cdot A^2$
자속	웨버	Wb	V·s	$m^2 \cdot kg \cdot s^{-2} \cdot A^{-1}$
자속밀도	테슬라	T	Wb/m^2	$kg \cdot s^{-2} \cdot A^{-1}$
인덕턴스	헨리	H	Wb/A	$m^2 \cdot kg \cdot s^{-2} \cdot A^{-2}$
셀시우스 온도(b)	셀시우스 온도(b)	℃		K
광속	루멘	lm	cd·sr	cd
조도	럭스	lx	lm/m^2	$m^{-2} \cdot cd$
방사성 핵종의 방사능	베크렐	Bq		s^{-1}
흡수선량, 비(부여) 에너지, 커마	그레이	Gy	J/kg	$m^2 \cdot s^{-2}$
선량 당량, 주변선량 당량, 방향선 선량 당량, 개인선량 당량	시버트	Sv	J/kg	$m^2 \cdot s^{-2}$
산소활성	캐탈	kat		$s^{-1} \cdot mol$

(b) 0℃ = 273.15K.

또, 기본단위의 조합만으로 표기하는 것이 아니라, 그것들을 고유의 명칭과 기호로 나타내는 22개의 SI 유도단위가 있다. 이들은 SI 기본단위만으로 나타낼 수가 있고, 고유의 명칭으로 나타낸 SI 단위와 조합해서 나타낼 수가 있다. 예를 들면, 방사성 핵종의 방사능의 SI 기본단위에 의해 표시방법은 s^{-1}이지만 고유의 명칭에서는 베크렐로 기호는 Bq가 된다. 또, 일률(와트 : W)의 SI 기본단위에 의한 표시에서는 $m^2kg\ s^{-3}$이지만, 에너지(줄)를 시간〔초〕로 나눈 J/s로 나타낼 수가 있다. 〈표 7.3〉에 이것들 모두를 나타낸다. 〈표 7.3〉의 셀시우스 온도의 단위 셀시우스 온도[℃]는 고유의 명칭을 가진 유도단위로 그 크기는 열역학적 온도인 켈빈 [K]이다

〈표 7.3〉 이외에 유도단위 중에는 기본단위와 고유의 명칭을 가진 유도단위로 조합된 것도 있다. 예를 들면, 점도를 나타내는 파스칼·초, [Pa·s]나 전하밀도를 나타내는 쿨롬매세제곱미터[C/m^3]이다.

7.2.3 SI에 속하지 않는 단위

이미 광범위하게 사용되고 있고, 특정의 분야에서 사용되고 있기 때문에 SI 단위와의 병용이 인정되고 있는 비(非) SI 단위가 있다. 그것들을 〈표 7.4〉에 나타낸다. 체적의 단위인 리터의 기호는 대문자 L과 소문자 l 모두 사용이 인정하고 있다. 소문자 l을 사용하면 숫자 1과 혼동이 일어날 가능성이 있다.

또한, ISO나 IEC에서는 소문자 l만이 인정되고 있다. 또, 필기체 (ℓ)의 사용은 인정

〈표 7.4〉 SI에 속하지 않지만 SI와 병용되는 단위

명칭	기호	SI 단위에 의한 값
분	min	1min= 60s
시	h	1h=60min= 3,600s
일	d	1d=24h=8,6400s
도	°	$1° = (\pi/180)$rad
분	′	$1′ = (1/60)° = (\pi/10,800)$rad
초	″	$1″ = (1/60)′ = (\pi/648,000)$rad
헥타르	ha	$1ha = 1hm^2 = 10^4m^2$
리터	L, l	$1L = 1\ l = 1dm^3 = 10^3cm^3 = 10^{-3}m^3$
톤	t	$1t = 10^3kg$

되고 있지 않다. 특정 분야에서만 사용이 인정되고 있는 비(非) SI 단위가 있다.

〈표 7.5〉에 그 예를 나타내지만, 추천되고 있지는 않다. 사용 시에는 SI 단위와의 대응을 나타내는 편이 좋다.

〈표 7.5〉 SI에 속하지 않았지만 SI와 병용되는 그 외의 단위
(추천하지 않지만 사용하려면 SI 단위와의 대응관계를 나타내는 것이 바람직하다)

명칭	기호	SI 단위로 표시되는 수치
바	bar	1bar=0.1MPa=100kPa=1,000hPa=10^5Pa
수은주 높이 밀리미터	mmHg	1mmHg=133.322Pa
옹스트롬	Å	1Å=0.1nm=100 pm=10^{-10}m
해리	M	1M=1,852 m
반	b	1b= 100f·m^2=$(10^{-12}cm)^2$=$10^{-28}m^2$
노트	kn	1kn=(1,852/3,600)m/s
네퍼	Np	SI 단위와의 수치적 관계는 대수량의 정의에 의존
벨	B	
데시벨	dB	

또, 비(非) SI 단위로 SI와 병용되는 단위로 SI 단위로 나타내는 수치를 실험적으로 얻을 수 있는 것이 있어, 〈표 7.6〉에 그 예를 나타낸다. 이들 이외에도 추천되지 않지만 사용할 때 SI 단위와의 관계를 나타내는 것이 바람직한 CGS 유도단위나 추천되지 않은 단위가 있다. 예를 들면, 전자에 대해 에르그(erg), 갈(Gal), 가우스(G) 등이 있고, 후자에 칼로리(cal), 미크론(μ), 표준 대기압(atm) 등이 있다.

〈표 7.6〉 SI에 속하지 않지만 SI와 병용되는 단위로, SI 단위로 나타내는 수치를 실험적으로 얻을 수 있는 것

명칭	기호	SI 단위로 표시되는 수치
전자 볼트	eV	1eV=1.60217653 (14)×10^{-19}J
달톤	Da	1Da=1.66053886(28)×10^{-27}kg
통일원자질량단위	u	1u=1Da
천문단위	ua	1ua= 1.49597870691(6)×10^{11}m

(주); ( )는 표준 불확실도를 나타낸다.

7.2.4 SI 접두어

단위의 배량 및 분량을 나타낼 때 〈표 7.7〉에 나타내는 SI 접두어를 이용하지만 배량 및 분량은 10진법의 정수승을 나타낸다. 2진법의 정수승은 인정되고 있지 않다. 정의 누승을 나타내는 경우, 데카(da), 헥토(h), 킬로(k)를 제외한 모든 접두어는 대문자, 부(−)의 누승을 나타내는 경우는 소문자로 나타낸다.

〈표 7.7〉 SI 접두어

승수	명칭	기호	승수	명칭	기호
10^{1}	데카	da	10^{-1}	데시	d
10^{2}	헥토	h	10^{-2}	센티	c
10^{3}	킬로	k	10^{-3}	밀리	m
10^{6}	메가	M	10^{-6}	마이크로	μ
10^{9}	기가	G	10^{-9}	나노	n
10^{12}	테라	T	10^{-12}	피코	p
10^{15}	페타	P	10^{-15}	펨토	f
10^{18}	엑사	E	10^{-18}	아토	a
10^{21}	제타	Z	10^{-21}	젭토	z
10^{24}	요타	Y	10^{-24}	욕토	y

접두어의 기호와 단위기호를 결합해 만들어진 전체는 불가분한 새로운 단위기호를 형성하고, 이것을 정(+) 또는 부(−)의 지수로 누승하거나 다른 단위기호와 조합해 합성단위를 형성해도 괜찮다. 그 예를 아래에 나타낸다.

예 : $2.3cm^3 = 2.3(cm)^3 = 2.3(10^{-2}m)^3 = 2.3 \times 10^{-6}m^3$
$1cm^{-1} = 1(cm)^{-1} = 1(10^{-2}m)^{-1} = 10^2m^{-1} = 100m^{-1}$
$1V/cm = (1V)/(10^{-2}m) = 10^2V/m = 100V/m$

위의 예에 있듯이 cm^3는 cm 전체의 세제곱이며 $10^{-2}m^3$은 아니다.

사용에 있어서 SI 기본단위 혹은 SI 유도단위와 함께 이용하지 않으면 안 되지만 접두어를 조합하거나 접두어 단독으로 사용해서는 안 된다. 예를 들면, nm(나노미터)를

mμm(밀리마이크로미터)나 pg(피코그램)을 mng(밀리나노그램)으로 나타낼 수 없다. 그러나, kg은 예외로서 처음부터 접두어 k가 붙었던 것이 기본단위가 되어 있으므로 접두어를 붙이는 경우에는 g에 붙인다.

7.2.5 단위 기호와 명칭의 표시방법

모든 양은 유일한 SI 단위를 가지지만, 표현방법이 다수 있는 것은 지금까지의 설명으로 이해할 수 있을 거라고 생각된다. 그러므로 같은 SI 단위가 복수 양의 단위가 되는 경우도 있다. 예를 들면, 단위 s^{-1}이 되는데 헤르츠와 베크렐이거나 단위 J/K가 되는데 열용량과 엔트로피이므로 양의 단위를 나타내는 것과 양의 이름을 나타내는 것이 필요하다

단위기호는 로만체(입체)를 쓰고 원칙적으로 단위기호는 소문자로 나타낸다. 그 명칭이 인명에서 유래하는 경우는 기호의 최초 한 글자를 대문자로 나타낸다. 전체의 예외로서는 앞서 설명한 리터로 대문자 혹은 소문자를 이용해도 괜찮다. 후자의 예는 Pa(파스칼), Bq(베크렐) 등이다.

SI 접두어를 이용하는 경우, 그것은 단위의 일부이므로 단위기호 앞에 두어 공백(스페이스)은 두지 않고 붙여 쓴다. 또, 단위기호는 수식의 일부가 되는 요소이며, 생략 기호도 아니고 생략 부호로서의 피리어드를 붙이지 않고 단위기호에 복수형을 쓰지 않는다. 다만, 단위의 명칭에는 복수형을 이용할 수가 있다. 단위의 명칭은 수식의 일부이므로 단위기호와 단위의 명칭을 하나의 표현 중에서 혼합해 사용해서는 안 된다. 예를 들면, 쿨롬매킬로그램은 좋지만 쿨롬매 kg으로 써서는 안 된다.

단위기호의 곱이나 나누기에 관해서는 통상의 대수로 이용되는 연산방법과 같은 규칙이 적용된다. 곱은 공백(스페이스) 혹은 중점(·)으로 나타내고, 나누기는 수평의 선(—), 사선(/) 혹은 부(−)의 지수로 나타낸다. 특히 많은 단위기호가 혼재할 경우에는 불확실도를 배제하는 것이 필요해 괄호나 부(−)의 지수를 이용해 표시한다. 이 경우 사선을 여러 차례 이용해서는 안 된다.

또, 단위기호나 단위의 명칭에 생략형을 이용하는 것은 허용되지 않는다. 예를 들면, sec(s 또는 초의 대용), cc(cm^3 또는 세제곱센티미터의 대용)이나 mps(m/s 또는 미터매초의 대용) 등은 사용할 수 없다.

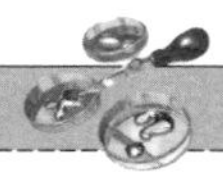

7.2.6 양의 값과 양 기호의 표시방법

양의 값은 숫자와 단위의 곱으로서 나타내고, 단위에 곱하는 숫자는 그 단위로 나타낸 양의 수치를 나타낸다. 양 기호는 일반적으로 이탤릭체(斜體)의 한 글자로 나타내고, 이때에 위첨자 또는 아래첨자 혹은 괄호를 이용해 나타내는 일도 있다. 또, 다른 양에 대해서 동일한 기호를 이용하면 오히려 혼란이 생기는 경우에는 독자적으로 선택한 다른 기호를 이용해도 괜찮지만, 이러한 경우 그 기호의 의미를 명확하게 정의할 필요가 있다.

단위기호는 수식의 일부이므로 수치와 단위의 곱으로서 양의 값을 하는 경우, 수치와 단위는 함께 통상의 대수 연산의 규칙에 따른다. 예를 들면, T=293K라고 하는 식은 T/K=293이라고도 쓸 수가 있으므로 표 중의 표제란(선두행)을 이와 같이 양과 단위와의 비로 나타내면 표의 내용을 단위가 없는 수치만으로 나타낼 수가 있으므로 편리하다. 이것은 그림의 축에 있어서도 이용할 수가 있다.

양 기호가 특정의 단위를 가리지 않는 것과 마찬가지로 양이 무엇인가를 나타내는데 단위기호를 이용해서는 안 된다. 즉, 단위기호에는 양의 성질에 대한 특정의 정보를 주는 수식 기호를 더해야 하는 것이 아니고, 필요하면 그러한 정보는 양 기호에 가세해야 하는 것이다. 예를 들면, 최대 전위차를 U_{max}=1,000V로 표시하여도 좋겠지만 U=1,000V_{max}로 해서는 안 된다. 또, 구리의 질량 분율을 w(Cu)=1.3×10^{-6}으로 나타내도 되지만, 1.3×10^{-6}w/w와 같이 단위 1의 수식을 해서는 안 된다

양 기호의 곱셈과 나눗셈에는 ab, $a\ b$, $a\cdot b$, $a\times b$, a/b, $\frac{a}{b}ab^{-1}$ 등 여러 가지 방법으로 나타낼 수가 있지만, 양의 값의 곱을 나타내는 경우에는 곱셈기호(×) 또는 괄호를 이용하고 중점(·)을 사용할 수 없다. 또, 수의 곱을 나타내는 경우에는 곱셈기호 ×를 이용하지 않으면 안 된다.

양의 값은 앞에 설명한 것처럼 수치와 단위의 곱으로 구성된다. 이것을 명확하게 하기 위해 수치와 단위를 분할하는 데 공백(스페이스)을 이용한다. 유일한 예외는 평면각을 나타낼 때 분, 초를 나타내는 단위기호인 °, ′, ″에 대해서는 수치와 단위기호 사이에 공백을 삽입하지 않는다.

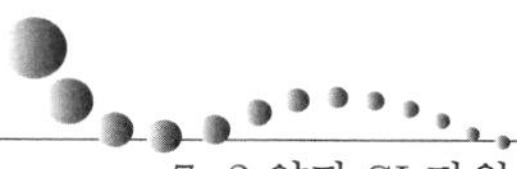

7.2.7 숫자의 서식 및 소수점

숫자를 정수 부분과 소수 부분으로 나누는 기호를 소수점이라고 부르지만 점 혹은 쉼표의 어느 쪽이든 나타낼 수가 있고 어느 쪽인지를 선택하느냐는 관련하는 문장이나 언어의 습관에 따른다. 숫자의 값의 절대값이 1미만일 때에는 소수점 앞에 반드시 0을 둔다.

자릿수가 많은 수를 나타내는 경우에는 읽기 쉽게 하기 위해서 반각의 공백을 이용해 3자릿수의 그룹으로 나누어 나타내도 괜찮지만, 그룹 사이에 점이나 쉼표를 삽입해서는 안 된다. 소수점의 전후에 있는 4자릿수의 숫자를 나타내는 경우에는 1자릿수만 나누기 위한 공백을 삽입하지 않는 것이 보통이다.

수치가 어느 단위에 속하고 있는지, 또는 어느 수학적 연산을 어느 양에 적용할까를 명확하게 할 필요가 있다. 예를 들면, 35cm×48cm의 표기는 괜찮지만 35×48cm의 표기는 부적절하다.

100g±2g의 표기는 괜찮지만 100±2g의 표기는 부적합하다. 그러나 (100±2)g의 표기는 인정되고 있다.

7.2.8 무차원량의 값 및 차원 1의 양을 나타내는 방법

같은 차원의 2개의 양의 비로 교정되는 무차원량(차원 1의 양)의 단위는 1이어서 굴절률, 질량 분율, 체적 분율, 물질량 분율, 상대 불확실도 등이 해당한다. 이들을 나타낼 때는 무명수로 나타낸다.

퍼센트(% : 백분율)는 단위(단위기호)는 아니지만 국제적으로 인정되고 있는 기호 %를 무차원량을 나타내는 데 이용할 수가 있다. 그 경우, 숫자와 % 사이에 공백을 삽입한다. 덧붙여 퍼센트는 기호의 명칭이므로 무차원량을 나타낼 때는 퍼센트라는 용어를 이용하는 것이 아니라, 기호 %를 이용해야 하는 것이다. 질량 퍼센트, 물질량 백분율 등의 용어는 적절하지 않다.

상대값의 10^{-6}이나 10^{6}분의 1, 혹은 백만 분의 1로 나타내는 ppm은 백분율을 나타내는 퍼센트와 똑같이 사용되고 있다. SI 문서에서는 금지되지 않았지만, JIS Z 8202-0 : 2000에서는 ppm나 ppb의 사용이 금지되고 있다. SI 문서에서도 ppb와 ppt에 관해서 권장하고 있지 않다.

분율을 나타내는 경우에는 같은 종류의 2개의 단위의 비를 이용하면 알기 쉽다. 예를 들면, $x_B = 2.5 \times 10^{-3} = 2.5\text{mmol/mol}$과 같이 나타낸다.

7-3 측정값·분석값의 통계적 취급

현재, 정량분석에 있어 어떠한 분석법을 사용하더라도 최종적으로 우리가 보는 것은 분석기기나 측정기로부터 얻은 수치이다. 이 수치를 어디까지 신뢰할 수 있는지를 파악해 두는 것은 분석하는 데 혹은 측정하는 데 매우 중요한 것이다. 또, 출력된 수치가 얼마나 신뢰성이 있을까를 통계적으로 취급해 그 신뢰성을 정량적으로 평가해야 비로소 실시한 분석의 신뢰성을 얻을 수 있다. 여기서는 분석값에 관한 통계적인 취급의 기본을 해설한다.

7.3.1 유효숫자와 수치의 반올림

유효숫자(significant figures)는 측정결과 등을 나타내는 숫자 가운데 자릿수 지정을 나타낼 뿐 0을 제외한 의미 있는 숫자로 정의되고 있다. 여기서 자릿수 지정을 나타내는 0은 단위를 취하는 방법을 바꾸면 소실하므로, 예를 들면, 12,000의 수치에 있어서의 0의 취급이다. 12,000은 1.2×10^4로도 나타낼 수 있고 1.20×10^4로도 나타낼 수가 있다. 전자에서는 12,000의 0을 3개 제거하고, 후자에서는 0을 2개 제거하였다. 전자의 0의 3개는 자릿수 지정만을 나타내기 위해서 사용되고 후자의 0 중 1개는 의미 있는 숫자에 사용하고 있다. 의미 있는 숫자란, 측정의 정밀도를 고려한 후, 특히 그 자릿수의 숫자에 그 숫자를 쓰는 합리적인 근거가 있는 것이다. 그러므로, 12,000의 수치의 유효숫자라고 하면, 전자의 표시 방법이면 2자릿수이며 후자이면 3자릿수다. 또, $1,200 \times 10^4$와 같이 하면 4자릿수로 나타낼 수가 있다. 이와 같이 낮은 위치의 자릿수에 0과 같은 수치를 쓰는 경우에는 유효숫자의 자릿수를 명확하게 하는 데 지수 표시로 나타내면 좋다.

또, 자릿수를 나타내는 데 유효숫자로 나타내는 경우와 소수점 이하로 나타내는 경우가 있다.

유효숫자의 자릿수를 명확하게 하려면 자리를 나타내는 지수 앞의 숫자는 소수점으로 나타낸다. 이때 유효숫자의 자릿수를 나타내는 데 소수점 이하의 자릿수로 유효숫

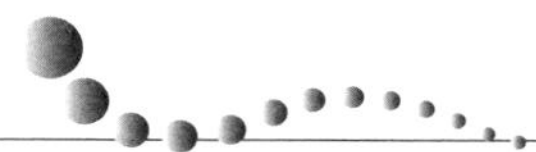

자의 자릿수를 나타내는 일이 있다. 앞 예의 전자의 유효숫자는 소수점 이하 1자릿수이며 후자는 2자릿수이다.

유효숫자와 밀접한 관계가 있는 것은 수치의 반올림(rounding of numbers)이다. 분석기기나 측정기로부터 얻은 수치의 상당수는 디지털로 표시된다. 그 자릿수도 기기의 신뢰성과는 관계없는 것으로 수많은 자릿수가 표시된다. 또, 출력된 수치를 농도환산 등의 연산을 실시했을 경우에는 숫자는 무한의 자릿수가 나타나는 일도 있다. 함부로 자릿수를 많이 해 수치를 쓰면 전혀 의미가 없는 것이다. 이러한 경우 어디까지의 자릿수가 신뢰성 있는지를 나타내는 것이 수치를 반올림하는 취급이다. 유효숫자는 의미가 있는 수치, 즉 불확실도가 남지 않는 자리까지의 숫자인 것을 생각하면 유효숫자 자릿수의 그 1자릿수 아래 자리의 수치를 반올림하는 것이 요구되고 있다. 반올림의 일반적 원칙은 사사오입이다.

수치의 반올림에 대한 규격은 JIS Z 8401 : 1999(수치의 반올림)에 게재되어 있다. 이 규격에서는 반올림의 폭이라고 하는 용어가 기록되어 있는데 반올림한 수치를 나타내는 최소단위를 나타내고 있다. 예를 들면, 반올림 폭 : 0.1이라고 하는 것은 소수점 이하 1자릿수까지 가리키는 것으로, 12.1, 12.2, 12.3, …이 된다. 반올림 폭 : 10이라고 하는 것은 1,210, 1,220, 1,230…이 된다. 반올림 폭, 유효숫자의 자릿수나 소수점 이하의 자릿수는 모두 동일한 개념이다. 이 수치의 반올림 원칙이 사사오입이다.

특례로서 n자릿수까지 구할 때에 $(n+1)$ 자릿수가 n자릿수의 1단위의 정확히 2분의 1이 되는 경우에는 많은 데이터의 평균을 구해 가면 크게 치우쳐 버리므로, 다음과 같이 다룬다.

즉, n자릿수가 짝수라면 $(n+ 1)$ 자릿수의 숫자를 잘라 버리고, n자릿수가 홀수라면 $(n+1)$ 자릿수의 숫자를 반올림하여 항상 n자릿수가 짝수가 되도록 한다. 예를 들면, 유효숫자 2자릿수로 반올림할 때 0.464는 0.46으로 하고, 0.455는 0.46으로 한다. 그렇지만 최근에는 전자계산기로 처리하는 것이 일반화되어 있으므로 이러한 경우 모두 n자릿수를 짝수로 하는 방식이 아니고 사사오입하는 방식도 인정되고 있다. 즉 0.455를 0.46으로, 0.465를 0.47로 해도 된다. 어느 경우에서도 수치의 반올림에서 가장 중요한 것은 1단계에서 반올림하지 않으면 안 된다. 예를 들면, 5.346을 유효숫자 2자릿수로 반올림하는 경우 1단계에서 5.35로 하고, 2단계에서 5.4와 같이 반올림해서는 안되고, 단번에 1단계에서 5.3과 같이 반올림하지 않으면 안 된다. 하나의 수치를 취급하는 경우에는 수치의 반올림 방법을 정확히 이해해 반올림할 수가 있지만, 수치를 곱하거나 나누거나 더하거나 빼거나 하는 연산을 하다 보면 이것을 잊어버려 잘못 반올림하는 경우가 많다. 이 경우도 마지막 연산에서 필요한 자릿수로 반올림한다.

7.3.2 연산에서의 유효숫자

분석이나 측정에 있어서 출력된 수치 혹은 읽은 값을 그대로 결과로 표시하는 것은 그다지 없다. 많은 경우 덧셈, 뺄셈, 곱셈, 나눗셈 등의 연산을 한다. 이 경우 수치의 반올림에도 결정법이 있으므로 기억해 둘 필요가 있다.

덧셈·뺄셈의 경우, 모든 수치의 소수점을 맞추어 연산하고 연산결과는 소수점 이하 자릿수가 최소인 자릿수의 수치에 자릿수를 맞추어 표시한다. 예를 들면 1.23g의 시료와 5.724g의 시료를 혼합했을 때 전 시료의 질량은 1.23g+5.724g=6.954g ⇒ 6.95g이 된다. 뺄셈을 하면 유효숫자의 자릿수가 줄어드는 일도 있다. 이것을 자릿수 빠짐이라고도 한다. 45.0g의 용기에 시료를 넣어 천칭으로 질량을 측정했을 때 47.5g이라고 표시되었다.

이때 시료의 질량은 2.5g이다. 용기 및 시료를 넣은 용기의 질량의 유효숫자는 3자릿수이지만, 뺄셈 후 시료 질량의 유효숫자는 2자릿수로 떨어지고 있다. 또, 10의 정수승배를 나타내는 접두어가 다른 단위로 나타난 수치를 덧셈·뺄셈 하는 경우에는 단위를 통일해 나타내고, 덧셈·뺄셈을 실시한다. 예를 들면, 1.545g에 55mg을 가산할 때의 수치는 mg을 g으로 변환·연산해 1.600g이라고 표시한다.

곱셈·나눗셈의 경우, 연산한 후 유효숫자의 자릿수가 최소 자릿수 수치의 자릿수에 맞추어 표시한다. 예를 들면 4.23과 0.38의 곱셈을 실시한다. 연산하면 1.6074가 되지만, 연산한 유효숫자의 최소 자릿수는 0.38의 2자릿수이므로 곱은 1.6이 된다. 나눗셈의 경우도 마찬가지이다. 4.56을 13.5742로 나누었을 때의 답은 0.3359314…로 되지만 유효숫자의 최소 자릿수가 3자릿수이므로 몫은 0.336이 된다.

이상과 같이 덧셈·뺄셈과 곱셈·나눗셈에서는 수치의 반올림에 차이가 나는 것에 주의해야 한다. 또, 일련의 연산이 있을 때는 그때마다 수치를 반올림하는 것이 아니라, 마지막 연산이 종료한 시점에서 수치의 반올림을 1회만 실시한다. 만약 도중의 수치를 표시해야 할 때에는 최종의 자릿수보다 2자릿수 정도 넉넉하게 표시하면 좋다. 그 값을 이용해 그 후의 연산을 하고 마지막으로 수치를 반올림해 표시하면 된다. 가끔 최종결

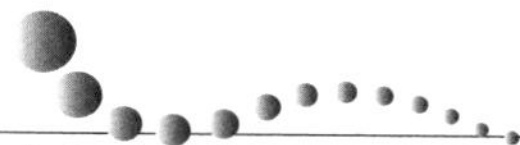

과의 수치가 계산기에 표시된 자릿수 수치를 그대로 표시한 보고서가 보이는데, 각 수치의 유효성을 생각해 표시해야 하고 유효숫자의 자릿수를 생각한 수치에서는 그 수치의 신뢰성을 그 자릿수로부터 추측하는 것이 가능해진다.

이러한 유효숫자의 자릿수를 맞추는 개념은 수학적 관점에서의 기술로서 통계적인 관점으로부터 평균값과 표준편차의 자릿수를 내는 방법을 기술한 것이 JIS Z 9041-1 : 1999(「데이터의 통계적 해석방법」, 제1부 데이터의 통계적 기술)이다. 〈표 7.8〉에 평균값의 유효한 자릿수를 나타내고 있다. 평균값의 자릿수는 측정값과 같거나 그렇지 않으면 1 또는 2자릿수 많게 구하는 것이 추천되고 있어, 표준편차는 유효숫자를 최대 3자릿수까지 내는 것을 추천하고 있다. 즉, 통계적 취급에서는 측정값의 개수가 많아지면 많아질수록 유효숫자의 불확실도가 작아져 유효숫자의 자릿수가 많아지는 것을 의미하고 있기 때문이다.

〈표 7.8〉 평균값의 유효한 자릿수

측정값의 특정단위	측정값의 개수		
0.1, 1, 10 등의 단위 0.2, 2, 20 등의 단위 0.5, 5, 50 등의 단위	- 4 미만 10 미만	2~20 4~40 10~100	21~200 41~400 101~1,000
평균값의 자릿수	측정값과 같다.	측정값보다 1자릿수 많다.	측정값보다 2자릿수 많다.

7.3.3 데이터의 통계적 취급

측정이나 분석에 의해 얻어진 수치는 한정된 샘플(시료)에 대한 정보량이며 통상은 이 샘플이 속하는 본래 모집단의 성질을 추정하게 된다. 그 때문에 모집단의 성질을 가정해, 그것이 올바른지 어떤지를 판단(검정)하는 통계적인 취급이 필요하다. 측정값을 통계적인 방법으로 취급한다고 하면, 중요한 2종류의 정보가 있다. 즉, 측정값이 어느 주위에 많이 모이는가 하는 '편차'에 관한 정보와 측정값이 어떻게 흩어질까를 보는 '분산'에 관한 정보이다.

후술하지만, 편차의 어구에 대응해 진도(眞度 : trueness), 분산의 어구에 대응해 정밀도(precision)라는 용어가 있다. 이러한 어구의 상세한 정의는 JIS 규격에 있어서 사

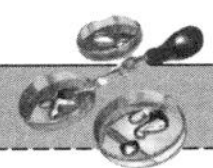
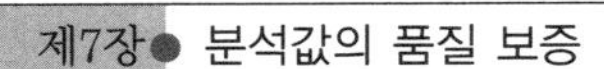

용하는 분야마다 다소 다르지만, 지금부터 편차에 관계하는 통계량 및 분산에 관계하는 통계량에 대해 대표적인 용어에 대해 설명한다.

7.3.4 편차에 관계하는 통계량

[1] 평균값

평균값(average 또는 mean value)은 측정값 x_i를 모두 가산해 측정값의 개수 n으로 나눈 산술평균(arithmetic mean) $\overline{x}$를 말한다. 통계학에서 모집단에 대한 평균값을 모평균(population mean)이라 부르고, 통상 얻을 수 있는 샘플에 대한 평균값을 시료평균이라고 부른다. 측정값을 x_1, x_2, x_3, …, x_n로 하면

$$\overline{x} = (x_1 + x_2 + \cdots + x_n)/n = \sum_{i+1}^{n} x_i/n$$

이 된다.

[2] 가중 평균값

가중 평균값(weighted average)은 한 개씩의 측정값 x_i에 각각 다른 가중값 w_i가 있을 때의 평균값 $\overline{x}_w$을 말한다. 산술평균은 모든 측정값이 동등의 가중값이 있는 경우이다.

$$\overline{x}_w = (w_1x_1 + w_2x_2 + \cdots + w_nx_n)/(w_1 + w_2 + \cdots + w_n = \sum_{i=1}^{n} w_i x_i / \sum_{i=1}^{n} w_i$$

가 된다.

[3] 이동평균

이동평균(moving average)은 측정값 x_i가 연속해 얻어진 경우에 순서대로 일정한 개수를 취해 그 산술평균을 구할 때, 이들 전체를 말한다. 이동평균은 일종의 수치적인 필터를 거친 것이 된다. 즉, 스펙트럼이나 데이터 등의 평활화에 사용된다. 예를 들면, $(x_1 + x_2 + x_3)/3$, $(x_2 + x_3 + x_4)/3$, $(x_3 + x_4 + x_5)/3$,…이 이동평균이다.

[4] 누적평균

누적평균(cumulative average)은 측정값 x_i가 연속해 얻어진 경우에 각각의 측정값

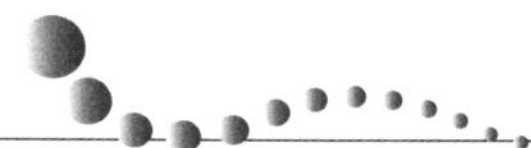

을 한 개씩 더해, 각각의 단계에서 산술평균을 취하는 것을 말한다. 각 단계의 산술평균을 제1의 누적평균, 제2의 누적평균, 제3의 누적평균 즉, x_1, $(x_1+x_2)/2$, $(x_1+x_2+x_3)/3\cdots$이 된다.

[5] 중앙값

중앙값(median)은 메디안이라고도 부르는데 측정값 x_i를 내림차순 혹은 오름차순으로 늘어놓아 정확히 한가운데(중앙)에 상당하는 값을 말한다. 측정값의 개수가 짝수일 때는 중앙을 사이에 두는 2개 측정값의 산술평균을 중앙값으로 한다. 최근에는 기능시험 등의 평가에 이 값이 자주 사용된다.

[6] 중점값

중점값(mid range)은 측정값 x_i 중에서 최댓값 x_{max}와 최솟값 x_{min}의 산술평균을 말한다. 즉, $(x_{max}+x_{min})/2$가 중점값이다.

[7] 모드

모드(mode)는 측정값 x_i가 다수 있는 경우에 같은 값이 몇 번이나 출현해 그중에서 가장 빈도가 많이 나타나는 값을 말한다. 즉, 도수분포에서는 최대의 출현 빈도를 갖는 구간의 대푯값이며, 이산분포에서는 확률이 최대가 되는 값이며 연속분포에서는 확률밀도가 최대가 되는 값이다.

7.3.5 분산에 관계하는 통계량

[1] 제곱합

제곱합(sum of squares)은 개개의 측정값 x_i와 평균값 $\overline{x}$의 차$(x_i-\overline{x})$의 제곱의 합 S를 말한다. 즉,

$$S=\sum_{i=1}^{n}(x_i-\overline{x})^2=\sum_{i=1}x_i^2-\left(\sum_{i=1}^{n}x_i\right)^2/n$$

이 되고, 개개의 측정값의 제곱의 합으로부터 개개의 측정값의 합을 제곱해, 그것을 측정의 개수로 나눈 값으로부터 공제한 값이 제곱합이 된다.

[2] 분산

분산(variance)은 제곱합 S를 정보의 자유도의 수로 나눈 값을 말한다. 여기서 자유도는 정보의 수이며, 이 경우 측정의 수에서 1을 뺀 수이다. 1을 빼는 것은 평균값에 의해 정보량이 1만큼 줄어들었기 때문이다.

즉, 제곱합을 구성하고 있는 $(x_n-\bar{x})$의 값은 $\sum_{i=1}^{n}(x_i-\bar{x})=0$이므로, $(x_1-\bar{x})$, $(x_2-\bar{x})$, $\cdots$, $(x_{n-1}-\bar{x})$의 값을 알면 자동적으로 정해지기 때문이다. 이러한 분산 V를 불편분산(unbiased variance)이라고도 한다. 분산 V를 식으로 나타내면

$$V=S/(n-1)=\sum_{i=1}^{n}(x_i-\bar{x})^2/(n-1)=\left[\sum x_i^2-\left(\sum_{i=1}^{n}x_i\right)^2/n\right]/(n-1)$$

가 된다.

[3] 표준편차

표준편차(standard deviation)는 분산 V의 제곱근 s를 말하고, 분산을 나타내는 통계량에서는 대표적이다.

즉 $s=\sqrt{V}=\sqrt{S/(n-1)}=\sqrt{\sum_{i=1}^{n}(x_i-\bar{x})^2/(n-1)}$가 된다.

[4] 상대 표준편차와 변동계수

표준편차 s를 평균값 $\bar{x}$로 나눈 값을 상대 표준편차 RSD(relative standard deviation), 혹은 변동계수 CV(coefficient of variation)라고 부르는데, 통상은 백분율 [%]로 나타낸다. 상대적인 분산의 통계량을 나타내는 것이다. 즉, $RSD=CV=s/\bar{x}\times100$[%]가 된다.

[5] 범위

범위(range)는 모든 측정값 중에서 최대인 수치 x_{max}와 최소인 수치 x_{min}의 차이 $(x_{max}-x_{min})$를 말하고 R로 나타낸다.

한편 R에 관해서 그 기댓값 $E(R)$과 표준편차 $D(R)$은 모집단의 표준편차 σ와 각각 다음과 같은 관계에 있는 것으로 알려져 있다.

$$E(R)=d_2\sigma$$
$$D(R)=d_3\sigma$$

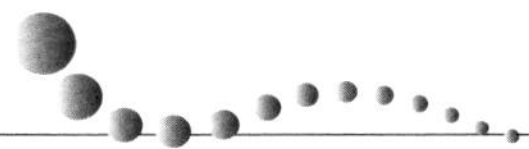

여기서 계수 d_2와 d_3는 〈표 7.9〉와 같이 주어지고 있으므로 범위의 기댓값 $E(R)$를 R의 평균값 $\overline{R}$로 대표시키면, σ의 추정값 $\hat{\sigma}$(시그마햇이라고 부른다)는 다음과 같이 계산할 수 있다. 이때, R의 평균값의 수가 10 이하인 것이 필요하다.

$$\hat{\sigma}=\overline{R}/d_2$$

가 된다.

또, 측정값의 데이터 수가 10 이하에서 σ의 추정값을 구할 때는

$$\hat{\sigma}=R/d_2$$

가 된다.

데이터의 수가 적을 때 표준편차를 구할 때는 $\hat{\sigma}$를 이용하면 좋다.

〈표 7.9〉 범위 R에 관한 계수 d_2와 d_3

데이터 수 n	d_2	d_3
2	1.128	0.853
3	1.693	0.888
4	2.059	0.880
5	2.326	0.864
6	2.534	0.848
7	2.704	0.833
8	2.847	0.820
9	2.970	0.808
10	3.078	0.797

[6] z 스코어

많은 측정값의 모집단은 정규분포(normal distribution)한다고 가정하고, 평균값이나 표준편차를 산출해 왔다. 모집단의 모평균 μ와 모표준편차 σ인 정규분포는 $\mu=0$와 $\sigma=1$의 정규분포로 변환할 수가 있다. 변환한 모집단은 〈그림 7.1〉과 같은 표준 정규분포(standard normal distribution)가 되어, 모두의 측정값 x_i는 표준 정규분포에 따르는 수치 z로 변환할 수가 있다. 이 변환시킨 수치를 z 스코어라 부르고, $z=1$, $z=2$,

z=3은 각각 표준편차의 1배, 2배, 3배 떨어진 값인 것을 의미한다. 즉, z 스코어는 $z=(x_i-\overline{x})/s$가 된다.

여기서 평균값 $\overline{x}$ 대신에 중앙값을 이용해 표준편차 s 대신에 *NIQR*(normalized interquartile range)의 값을 이용하여 계산할 수도 있다. *NIQR*의 값은 *IQR*(interquartile range) 사분위 범위에 0.743의 값을 곱한 수치이다. 사분위 범위는 중앙값을 산출할 때와 같이, 모든 수치를 내림차순 혹은 오름차순으로 늘어놓아 위로부터 1/4의 수치(상사분위수)와 3/4의 수치(하사분위수)를 산출해 이러한 수치의 차이가 사분위 범위에 0.743을 곱해 *NIQR*를 산출하고 있지만, 수치의 수가 많으면 이 값은 정규분포의 표준편차와 동일해지는 것을 의미하고 있다. 데이터 수가 많은 경우에는 중앙값 및 사분위 범위를 구하는 방법은 빗나간 값(이상값)에 영향을 받지 않고 통계량을 산출할 수 있으므로 강건(robust)한 방법의 하나가 되어 있다.

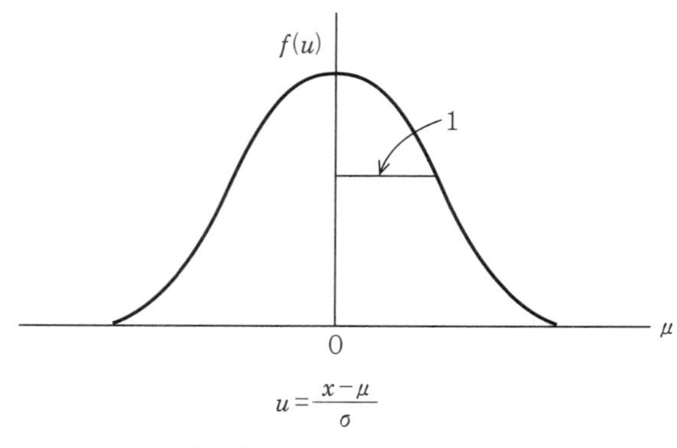

〈그림 7.1〉 표준 정규분포

7.3.6 데이터를 나타내는 방법

측정이나 분석으로 얻어진 측정값은 통계량으로서의 데이터이다. 데이터 취급에 대해서는 데이터의 분포를 편차와 분산을 나타내는 수치로 나타낼 수가 있지만, 분포 전체의 모습을 한눈에 파악하려면 수치를 도표화하는 것이 제일 좋다. 통계적으로 의미가 있는 대표적인 그림의 예와 특징을 나타낸다.

[1] 히스토그램

히스토그램(histogram)은 수치를 어떤 측정 폭마다 정리해 그 폭에 들어가는 수치가 얼마의 빈도·도수(frequency)로 출현할까를 한눈에 알기 쉽게 나타내, 분포의 모습을 파악하기 위한 그림(그림 7.2)이다. 일반적으로 가로축이 어떤 폭을 가진 측정값, 세로축이 도수(度數)이다. 측정값의 폭은 가로축의 폭 수가 10 정도가 되도록 범위 R로부터 계산해 결정한다. 최근 컴퓨터가 달린 측정기 등에서의 디지털 수치는 측정기의 내부에 있는 수치의 폭으로 반올림할 수 있으므로 측정기 등에서 수치를 그림화한 스펙트럼은 히스토그램이라고도 할 수 있지만, 이 경우 가로축 폭의 수는 측정기의 성능에 의존해서 수가 많다.

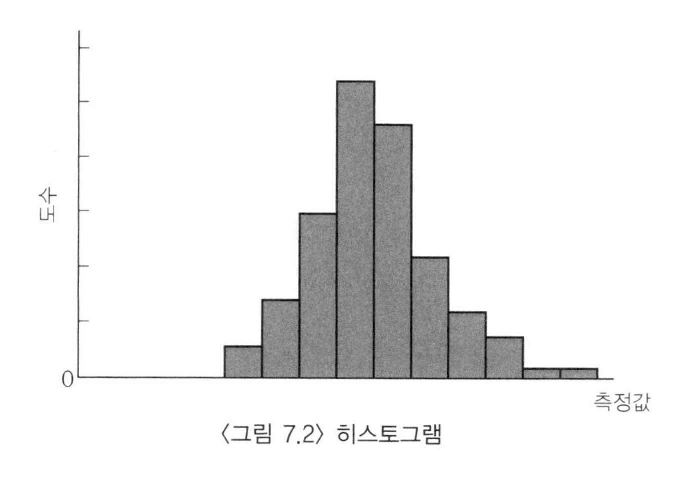

〈그림 7.2〉 히스토그램

[2] 꺾은선 그래프

꺾은선 그래프는 시간의 경과와 함께 측정 수치가 어떻게 변화하고 있을까를 한눈에 파악하는 데 적합한 그림이다. 또, 환경 모니터링에서의 분석값 혹은 측정값을 플롯하여 환경 모니터링의 이상이나 분산 등을 파악하는 관리도(그림 7.3)에는 이 꺾은선 그래프가 어울린다.

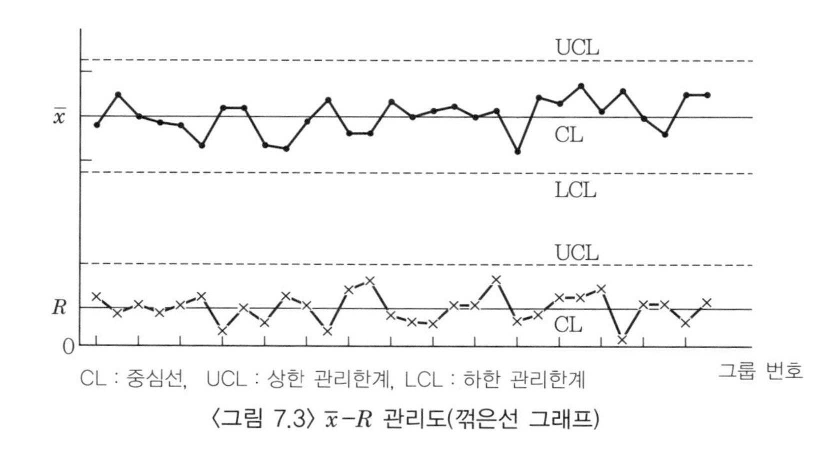

〈그림 7.3〉 $\bar{x}-R$ 관리도(꺾은선 그래프)

[3] 산포도

산포도(scatter diagram)는 하나의 시료에 대해서 2개의 다른 성질의 수치(변수) 사이의 상호관계를 시각적으로 보기 위한 그림이다. 이러한 2개 변수 사이의 상관관계를 조사하기 위한 그림을 특별히 상관도라고도 한다. 또, 2개의 수치(변수)를 이용해 연산함으로써 2개 변수의 상관관계를 알 수 있다. 상관계수(correlation coefficient) r이 0일 때, 2개 변수의 사이에는 상관관계가 없지만 $r=\pm1$일 때, 2개 변수의 사이에는 강한 상관이 있다. r의 값이 정(+)일 때는 상관도에 대해 각 시료의 데이터는 오른쪽 위로 분포하고, r의 값이 부(−)일 때는 오른쪽 아래에 분포한다. 즉, r의 값이 0에 가까운 경우 데이터는 규칙 없고·분산이 없게 분포하고, r의 값이 1 혹은 −1에 가까운 경우, 데이터는 거의 일직선상에 분포한다. 또한, 엑셀의 표계산으로 상관계수를 용이하게 계산할 수 있지만, 여기서는 R^2의 값으로 표시하였다.

〈그림 7.4〉에 x와 y가 여러 가지 관계일 때의 상관도를 나타낸다. 또한, r의 값은 제곱합(S_{xx}와 S_{yy})와 편차곱합(S_{xy})으로부터 산출할 수가 있다. 2개의 변수를 x_i와 y_i로 하면

$$r=S_{xy}/\sqrt{S_{xx}S_{yy}}$$

가 된다. 여기서,

$$S_{xx}=\sum_{i=1}^{n}(x_i-\bar{x})^2,\ S_{yy}=\sum_{i=1}^{n}(y_i-\bar{y})^2,\ S_{xy}=\sum_{i=1}^{n}(x_i-\bar{x})(y_i-\bar{y})$$

이다.

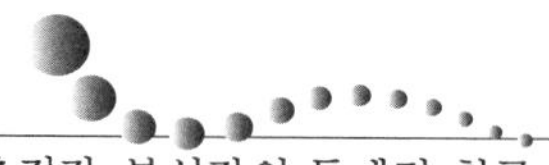

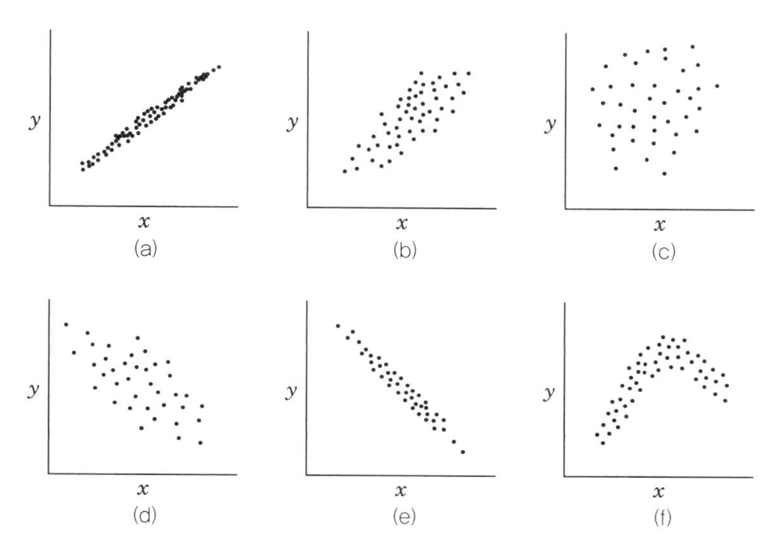

(a)와 (b)는 정(+)의 관계, (a)는 1에 가깝다.
(d)와 (e)는 부(−)의 관계, (e)는 −1에 가깝다.
(c)와 (f)는 상관 없음, r=0

〈그림 7.4〉 x와 y가 여러 가지 관계일 때의 상관도

7.3.7 반복 측정값의 분포

분석 혹은 측정에 따라 얻어진 수치는 분석 혹은 측정 대상물이 되고 있는 집단 전부의 수치는 아니다. 여기서, 분석 혹은 측정 대상물이 되고 있는 집단을 모집단(population)이라고 하는데, 모집단은 한층 더 유한한 수로 구성되어 있는 유한 모집단과 무한한 수로 구성되어 있는 무한 모집단으로 구별하고 있다. 그러나, 무한수로 구성되어 있지 않아도 측정 대상의 수가 충분히 많아 통계적인 취급으로 무한 모집단으로 간주할 수가 있다. 이러한 모집단 중에서 일부의 분석 혹은 측정 대상물을 빼서 취한 것을 시료(sample)라고 하며, 이 작업을 하는 것을 샘플링(sampling)이라고 한다. 이 모습을 나타낸 것이 〈그림 7.5〉이다.

모집단으로부터의 데이터는 길이·무게·농도·강도 등과 같이 연속적인 수치를 취하는 계량값과 불량품의 개수, 부적합품의 개수, 상처의 수 등의 개수를 세어 얻어진 계수값의 2개로 나눌 수가 있어 화학분석에 의해 얻어진 수치는 계량값이다. 후자의 계수

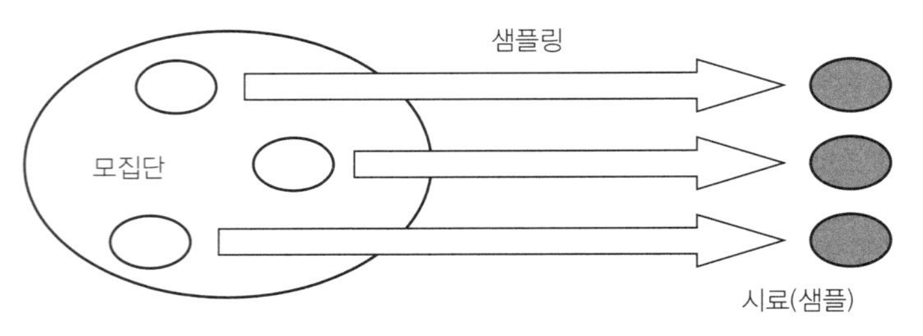

〈그림 7.5〉 모집단으로부터의 샘플링

값을 구성하는 모집단의 분포에는 이항분포나 포아송 분포가 있다. 이항분포는 모집단을 어떤 기준으로 2개로 나누어, 시료가 한편의 그룹에 들어가는 확률을 나타낸다.

푸아송 분포도 이항분포와 같지만 시료의 수가 많아 출현하는 확률이 매우 적은 현상을 대상으로 한 분포이다. 예를 들면, 생산공정에 대해 불량품이 출현하는 확률의 분포이다.

화학분석에서 중요한 것은 계량값의 모집단의 분포이다. 많은 시료의 계량값의 분포는 일반적으로 정규분포(normal distribution)(가우스 분포)를 형성한다. 유한한 분석 혹은 측정 수치로부터의 히스토그램에 대해, 데이터 수를 늘려 가면 정규분포를 얻을 수 있다. 정규분포를 이루는 함수는 다음과 같이 나타낸다.

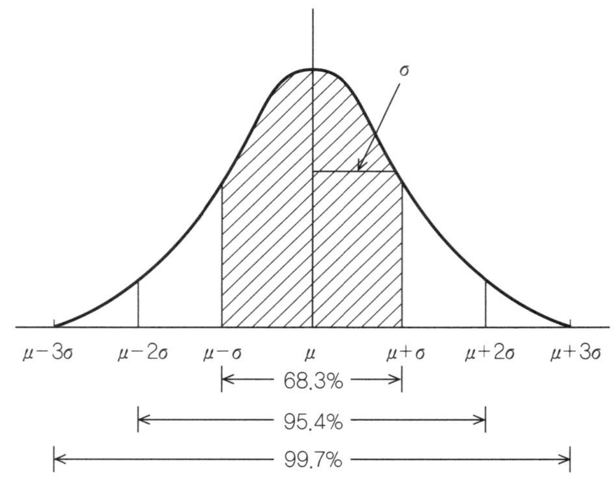

〈그림 7.6〉 정규분포와 확률

$$y = \frac{\exp\{-(x-\mu)^2/2\sigma^2\}}{\sigma\sqrt{2\pi}}$$

여기서, μ는 모집단의 기댓값인 평균(모평균)이며, σ는 모집단의 기댓값인 표준편차(모표준편차)이다. 이러한 값은 모집단에서의 독자적인 값이며 모수(population parameter)라고 부르고, 모집단의 분포를 추측하기 위한 값이 된다. 앞서 가리킨 평균값 $\bar{x}$나 표준편차 σ는 샘플의 수치로부터 계산되는 양으로 통계량(statistic)이라고 부르고, 모수를 추측하는 값과 구별된다. 이 정규분포를 그림화하면 〈그림 7.6〉과 같이 되어, 정규분포에 따르는 값은 모평균 μ를 중심으로 $\pm\sigma$의 범위 이내에는 전체의 68.3%가, $\pm 2\sigma$ 이내에는 95.4%가, $\pm 3\sigma$ 이내에는 99.7%가 들어가게 된다.

7.3.8 평균값의 분포와 표준편차의 분포

시료를 분석하거나 측정할 때는 일반적으로 한정된 적은 수의 반복분석을 한다. 무한의 수에 가까운 분석이나 측정에서 얻어진 수치는 정규분포에 따라 그 평균값 $\bar{x}$나 표준편차(실험 표준편차라고 하는 것도 있다) s는 모평균 μ나 모표준편차 σ에 한없이 가까운 값을 얻을 수 있다. 그러나, 적은 수의 반복분석이나 측정에 의해 얻어진 평균값 $\bar{x}$이나 표준편차 s를 여러 번 반복했을 때 이러한 값의 분포는 원래의 각 수치의 모집단의 분포와 달리, 새로운 정규분포의 모집단(평균의 모임)이 된다. 즉, 평균값 $\bar{x}$의 분포에서의 새로운 모평균은 원래 모집단의 모평균 μ와 동일하지만, 새로운 모집단의 모표준편차는 $\sigma/\sqrt{n}$이 된다.

여기서의 n은 모집단으로부터 샘플링한 수이다. 또한, 원래 모집단의 분포가 정규분

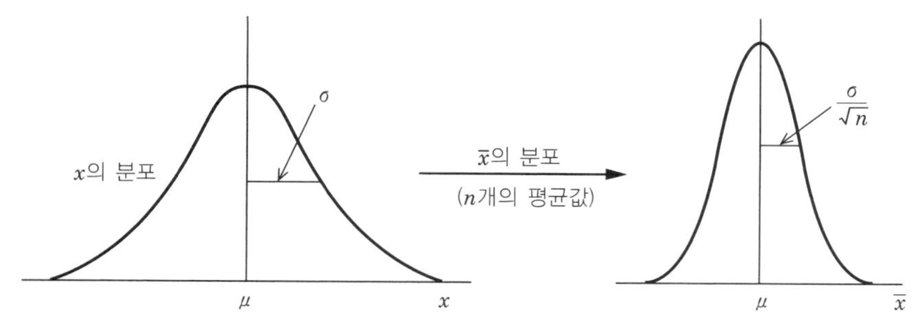

〈그림 7.7〉 x의 분포와 $\bar{x}$의 분포

포가 아니어도 반복수가 4 이상이 되면 평균값의 분포는 정규분포가 된다. 이와 같이 원래의 모집단이 정규분포하고 있지 않아도 모집단으로부터 샘플링한 n개의 수치의 평균값의 분포도 정규분포가 되는 특성을 중심극한 정리(central limit theorem)라고 한다. 양쪽 모집단의 차이를 나타낸 것이 〈그림 7.7〉이다. 평균값의 분포가 측정값의 분포보다 날카로워지고 있는 것을 알 수 있다.

7.3.9 평균값의 신뢰구간

모평균 μ와 모표준편차 σ를 가진 모집단으로부터 n개를 샘플링했을 때의 평균값 분포가 정규분포하는 것은 7.3.8에서 살펴보았다. 그 평균은 μ로 그 표준편차(평균값의 표준오차라고도 한다)는 $\sigma/\sqrt{n}$인 것을 알 수 있었다. 즉, 원래의 모집단의 μ와 σ가 일정하면 모집단으로부터의 샘플링 수를 많이 하면 할수록 평균값의 분포는 좁은 정규분포가 된다. 또, 정규분포를 형성하는 데이터에 대해 평균을 사이에 두고 표준편차의 2배의 값에 들어오는 범위의 데이터에서는 전체의 약 95%의 확률이 된다는 것을 이미 확인하였다. 바꾸어 말하면, 이 구간의 범위에 들어가는 데이터는 약 95%의 신뢰로 참값이 존재하면 합리적으로 추정 가능하다. 이 범위를 신뢰구간(confidence interval)이라고 하고 그 양단의 값을 신뢰한계(confidence limit)라고 부른다. 평균 $\mu=0$, 표준편차 $\sigma=1^2$의 정규분포에 있어서 95% 신뢰한계와 99% 신뢰한계의 값은 각각 1.96과 2.58이다.

그러므로, 샘플 평균값의 95% 신뢰구간은 $\mu-1.96(\sigma/\sqrt{n})$과 $\mu+1.96(\sigma/\sqrt{n})$이 되고, 이 범위 내에 95%의 확률로 참값이 존재하게 된다. 실제는 평균값 $\bar{x}$로부터 μ를 추정하게 되므로 95% 신뢰한계를 $\bar{x}\pm1.96(\sigma/\sqrt{n})$으로서 산출할 수가 있다. 또 원래 모집단의 모표준편차 σ는 알 수 없지만 샘플 수가 많은 경우 $\sigma\cong s$로서 추정하고 표준편차 s로부터 산출할 수 있다. 즉, $\bar{x}\pm1.96(s/\sqrt{n})$이 된다.

일반적으로는 샘플 수가 적은 경우를 취급하는 것이 많다. 또, 원래 모집단의 모표준편차 σ의 값이 불명한 경우가 많아 전술과 같이 σ의 추정값을 s로 하면 신뢰성이 나쁜 결과가 된다. 샘플 수가 적을 때의 샘플 평균값 μ의 분포는 정규분포가 되지 않게 자유도$(n-1)$의 t 분포(스튜던트 t분포)가 되는 것으로 알려져 있다. 즉,

$$t_{n-1}=(\bar{x}-\mu)/(s/\sqrt{n})$$

이다. t_{n-1}의 값은 자유도에 따라 값이 정해져 있는데, 참고로 〈표 7.10〉에 t분포표의 값을 나타낸다. n의 수가 무한대에 가까워지면 정규분포가 된다. 이것으로부터 샘플수 n일 때 평균값의 신뢰구간은 신뢰한계 $\bar{x} \pm t_{n-1}(s/\sqrt{n})$의 사이가 된다. 이러한 신뢰한계를 산출하는 방법은 뒤에서 설명하는 불확실도를 구할 때 사용할 수도 있으므로 잘 이해해 둘 필요가 있다.

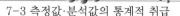

〈표 7.10〉 신뢰구간에 대한 t_{n-1}의 값

샘플수	자유도 $n-1$	95% 신뢰구간	99% 신뢰구간
2	1	12.706	63.657
3	2	4.303	9.925
4	3	3.182	5.841
5	4	2.776	4.604
6	5	2.571	4.032
11	10	2.228	3.169
21	20	2.086	2.845
121	120	1.980	2.617
∞	∞	1.980	2.576

7.3.10 측정값이나 분석값에 관한 용어

측정이나 분석으로부터 측정값이 어느 주위에 많이 모이는가에 따라서 관련된 통계량과 측정값이 어떻게 분산하는가를 보는 분산의 통계량을 어떻게 산출할 수 있을까는 앞에서 기술했다. 이러한 통계량을 나타내는 용어 및 그 정의에 대해서는 JIS 혹은 ISO에 기술되어 있다. 그러나, 영어의 용어에 대해 IS(규격서) 혹은 TS(표준 사양서)에서는 일본어 번역이 분야에 따라 달라 일치하지 않는다. 그 예를 〈표 7.11〉에 나타낸다. 그러므로 분야를 넘은 논의에서는 주의를 필요로 한다.

〈표 7.11〉 규격에 의한 신뢰성 용어의 번역 차이

용어(영어)	JIS Z 8402-1 : 1999 (ISO 5725-1 : 1994)	TS Z 0032 : 2012 (ISO Guide 99 : 2007)	JIS Z 8103 2000 (VIM 2 : 1993)	JIS Z 8102-2 : 1999 (ISO 3543-2 : 1993)
accuracy	정확도	총합 정밀도, 정확도	정밀도	정확도, 종합정밀도
trueness	참값, 정확도	참값, 정확도	정확도	참값, 정확도
precision	정밀도	정밀함, 정밀도	정밀도	정밀도, 정밀도

JIS Z 8402-1 : 1999 「측정방법 및 측정결과의 정확도(참값 및 정밀도), 제1부: 일반적인 원리 및 정의」.
ISO Guide 0032 : 2007 (VIM 3 : International Vocabulary of Metrology-Basic and General Concepts and Associated Terms).
TS Z 0032 : 2012 {국제 계량 계측 용어- 기본 및 일반 개념 및 관련 용어(VIM)}.
JIS Z 8103 : 2000 (계측 용어).
JiS Z 8101-2 : 1999 (통계-용어와 기호-제2부: 통계적 품질관리 용어).

최신 계측·분석분야의 신뢰성에 관한 용어 정의를 체계적으로 정리한 것이 〈그림 7.8〉이다. 영어 용어에서의 체계는 ISO에서는 변함없지만 JIS에서는 〈표 7.11〉과 같이 규격에 따라 다르다.

이 그림에서는 JIS Z 8402-1 : 1999(측정방법 및 측정결과의 정확도(진도(眞度) 및 정밀도), 제1부 일반적인 원리 및 정의)에 나타내고 있는 용어를 사용했다.

〈그림 7.8〉과 같이 편차에 관한 정보는 진도(trueness)로, 분산에 관한 정보는 정밀도(precision)로, 이들의 종합적 개념으로서 정확도(accuracy)의 용어가 있다. 정밀도 안에도 반복성(병행 정밀도, repeatability)과 재현성(재현 정밀도, reproducibility)이 있어 각각의 용어의 의미는 차이가 난다. 반복성은 측정순서·측정자·측정장치·사용조건·장소에 대하여 동일 조건하에서 단시간에 반복해 측정을 연속했을 경우의 정

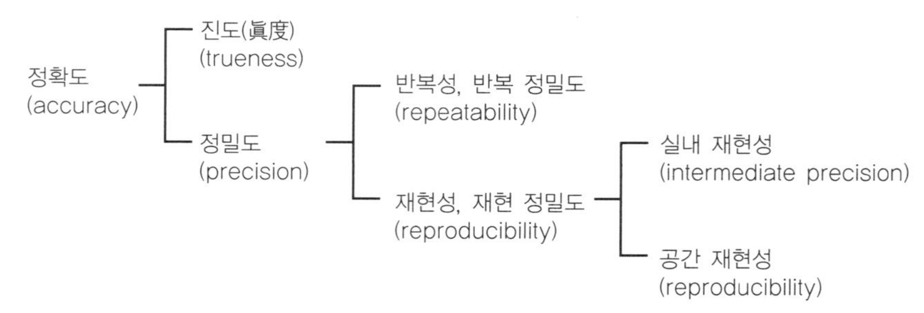

〈그림 7.8〉 계측·분석 분야의 신뢰성에 관계된 용어 체계

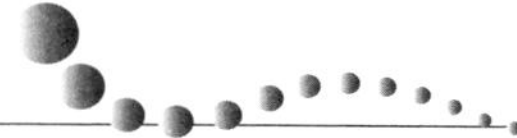

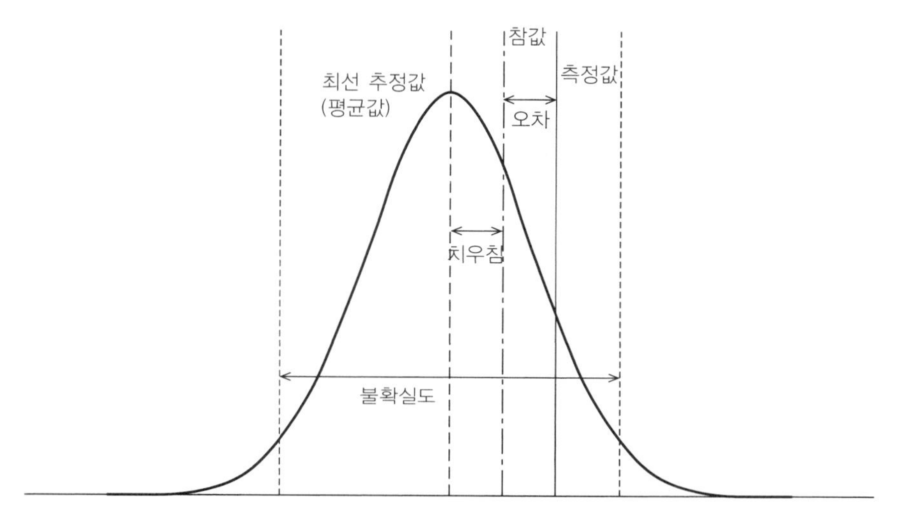

〈그림 7.9〉 측정값, 참값(眞度), 불확실도 등의 용어의 관계

밀도로서 정의되고, 재현성은 측정의 원리 또는 방법, 측정자·측정장치·사용조건·장소·시간을 바꾸어 측정을 실시했을 경우의 정밀도로서 정의되고 있다. 또한, 재현성은 동일 실험실에서의 재현성인 실내 재현성(intermediate precision, 또는 reproducibility within laboratory)과 다른 시험실 사이에서의 정밀도를 나타내는 실간 재현성(reproducibility)으로 분류된다. 또, 분산을 특징짓는 부(負)가 아닌 파라미터로서 불확실도(uncertainty)의 용어가 있다. 이 파라미터는 측정 결과에 부기되어 정확도의 평가로서 나타낸다.

〈그림 7.9〉에 여러 차례의 측정값으로부터 유도되는 측정값의 분포와 참값(眞度)·측정값·최선 추정값(평균값)·불확실도·오차·편차의 용어 관계를 도시했다. 일반적으로 측정값의 분포가 정규분포를 형성한다면 그 최선 추정값은 평균값이 되는 것이 많다. 참값은 이 분포 내에 있는 것으로부터 반드시 최선 추정값과 동일하지는 않다. 이 차이를 편차라고 하고, 측정값과 참값의 차이를 오차라고 한다. 참값을 모르는 한 오차도 모르기 때문에 불확실도라고 하는 용어가 생겨나고 있다. 불확실도 안에는 일정한 확률로 반드시 참값이 존재한다고 하는 것을 나타내고 있다.

7-4 불확실도

정확도를 평가하려면 불확실도(uncertainty)를 산출할 필요가 있다. 불확실도, 정확도를 구체적으로 평가하는 것으로 2008년에 국제합동위원회(JCGM)로부터 발행된 국제문서{측정에 있어서의 불확실도의 표현 가이드. Guide the expression of Uncertainty in Measurement, GUM) (수정 보완판, 2008년판)}에 상세히 기술되어 있다. 이 문서는 ISO/IEC Guide 98-3 : 2008, "Uncertainty of measurement - Part 3 : Guide to the expression of uncertainty in measurement:(GUM : 1995 수정판)" (JCGM 100 : 2008. Evaluation of measurement data-Guide to the expression of uncertainty in measurement, TS Z 0033 : 2012, 측정에 있어서의 불확실도 표현 가이드)로서 국제조직으로부터 발행되고 있다.

불확실도는 종래의 오차의 개념에서 치환되는 새로운 개념으로서 불확실도의 용어가 도입되어, 이 개념 아래 측정이나 분석의 결과에 신뢰성을 갖게 하려고 하는 것이다. 이 가이드에 의한 불확실도의 정의는 "측정의 결과에 부수한 합리적으로 측정량에 연결시켜 얻은 값의 분산을 특징짓는 파라미터이며, 구체적인 표현 방법으로는 표준편차(혹은 그 배수)에서도 어느 신뢰수준에서의 신뢰구간의 반이어도 좋다."고 되어 있어 불확실도의 폭 안에 참값이 포함되어 있다고 하는 것이 된다.

그 때문에 분석의 방법, 분석 순서, 분석자의 숙련도, 분석기기, 시료의 형태 등에 의해 불확실도가 계산되므로 분석·측정의 신뢰성 지표라고도 할 수 있다. 불확실도는 오차(error)와 혼동되는 경우가 있지만, 불확실도와 오차와는 본질적으로 다르다. 오차는 참값과 측정값의 차이로서 정의되고 있다. 참값을 모르면 오차는 구해지지 않는다. 그러나, 불확실도는 참값을 아는 일 없이 참값이 존재하는 범위를 추정한 값이라고도 할 수 있다.

7.4.1 불확실도를 추측하는 방법

불확실도를 추측하려면 여러 가지 방법이 있지만, 여기서는 일반적인 측정에 관한 불확실도를 구하는 방법을 아래에 소개한다.

① 측정결과를 구하기 위한 순서를 써서 결과를 구하는 계산식을 분명히 한다.

② ①에서 구한 순서 혹은 계산식에 있어서의 불확실도가 되는 각 요인을 찾는다.

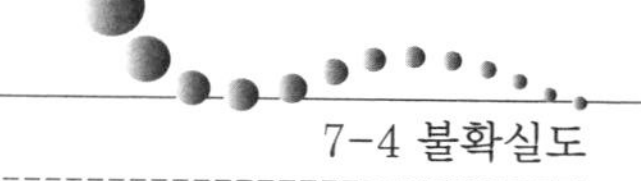

③ 각 요인에 있어서의 불확실도(표준 불확실도)를 산출해 상대 표준 불확실도를 열거한다.

표준 불확실도(standdard uncertainty) u_i는 표준편차의 모습으로 나타낸다. 표준 불확실도를 구하는 데 A타입의 평가방법과 B타입의 평가방법에 따르는 방법이 있다.

A타입의 평가방법은 일련의 반복 측정에 대해 통계적 해석에 의해 평가되어 표준편차로 나타내는 것이다. 반복 측정을 실시해 평균값 $\overline{x}$로부터의 표준 불확실도를 산출할 경우, 이때의 표준편차 s로부터 7.3.8항에서 나타낸 극한정리에 의해 평균값 x의 표준 불확실도(표준편차)는 $s/\sqrt{n}$이 된다.

B타입의 평가방법은 통계적 해석방법 이외로부터 평가하는 것이다.

예를 들면, 이전 측정 데이터의 불확실도, 교정 증명서 등으로 주어진 데이터의 불확실도, 기기 사양서에 의한 불확실도, 물리상수의 불확실도 등으로 측정해 직접 얻을 수 없는 것이다. B타입의 평가방법으로 표준 불확실도를 추정할 때는 일정한 확률분포(삼각분포, 균일분포(직사각형 분포) 등)를 가정해 그 확률분포로부터 표준편차를 산출해 그 값을 불확실도로 한다.

즉, 문헌 등의 규격값이 $\pm a$일 때 삼각분포를 예상할 수 있으면 이때의 표준 불확실도는 $a/\sqrt{6}$이 된다. 균등분포(직사각형 분포)일 때의 표준 불확실도는 $a/\sqrt{3}$이 된다. 균등분포(직사각형 분포)는 온도변화의 분포와 같이 어느 일정한 온도의 폭 안을 동일한 확률로 출현하는 분포이거나, 표준액의 증명서에 기록된 불확실도를 수반한 농도 표시이거나 한다.

삼각분포는 전량 피펫이나 전량 플라스크 등 일정한 규격으로 출시된 제품의 분포로, 규격값의 폭의 양단보다는 중심부에 집중하고 있다고 생각되는 것이다. 또한, 분포가 정규분포인 것, 혹은 신뢰구간 등에서 나타나고 있는 때에는 표준편차 s가 표준 불확실도가 된다.

④ 각 요인의 표준 불확실도가 추측되면 표준 불확실도를 합성한 합성 표준 불확실도(combined standard uncertainty) u_c를 산출한다. 합성 표준 불확실도는 오차전파법칙과 같이 각 표준 불확실도의 제곱합의 제곱근으로서 나타난다. 구체적으로는 상대 표준 불확실도를 제곱합한 제곱근으로부터 계산한 상대 합성 표준 불확실도를 구하고, 이 값에 측정한 평균값 등을 곱해 합성 표준 불확실도를 산출한다.

⑤ 합성 표준 불확실도가 산출되면 이 값에 포함계수(coverage factor) k를 곱해 확장 불확실도(expanded uncertainty) U를 계산한다. 일반적으로 포함계수로서 $k=2$가 주로 쓰이지만 $k=3$의 값이 이용되기도 한다. 정규분포라고 하면 $k=2$는 약 95%, $k=3$은 약 99.7%의 확률에 들어가는 값이다.

⑥ 최종적인 측정결과에는 확장 불확실도를 산출해 표시하지만, 잊지 말고 포함계수도 표시해야 한다. 표시 방법으로는
측정결과의 평균(단위) $\pm U$ (단위) (포함계수)로 하든지,
측정결과의 평균(단위), 확장 불확실도(단위), 포함계수의 각 값을 동시에 표시한다.

7.4.2 불확실도의 전파법칙

불확실도의 전파법칙은 일반적인 오차전파법칙과 동일하다. 각 측정값과, 그러한 오차로부터 있는 측정량을 계산했을 때의 오차를 계산하는 규칙의 개략을 나타내므로 합성 표준 불확실도를 산출하려면 오차를 불확실도로 바꿔 놓고 본 규칙을 적용하는 것이 좋다.

정보량(측정량)을 x, y, z, 이러한 정보량(측정량)의 오차를 δ_x, δ_y, δ_z로 하고 각 정보량(측정량)의 연산결과를 W, 그 정보량(측정량)의 연산결과의 오차를 δ_w로 하면 각 연산결과의 오차는 다음과 같이 된다.

① 합와 차의 오차 $\delta_w=\sqrt{\delta_x{}^2+\delta_y{}^2+\delta_z{}^2}$

② 곱과 나눔(商)의 오차 $\left|\dfrac{\delta_w}{W}\right|=\sqrt{\left(\dfrac{\delta_x}{x}\right)^2+\left(\dfrac{\delta_y}{y}\right)^2+\left(\dfrac{\delta_z}{a}\right)^2}$

③ 정보량(x)과 상수의 곱의 오차 $\delta_w=|A|\times\delta_x$ 단, $W=A\times x$ (A : 상수)

④ 지수함수에서의 오차 $\dfrac{\delta_w}{|W|}=|n|\times\dfrac{\delta_x}{|x|}$ 단, $W=x^n$ (n : 상수)

⑤ 1변수 함수에서의 오차 $\delta_w=\left|\dfrac{dW}{dx}\right|\delta_x$ 단, $W=W(x)$

⑥ 일반식(3변수 함수)에서의 오차(모든 오차가 서로 독립해서, 그리고 랜덤일 때)

$$\delta_w=\sqrt{\left(\frac{\partial W}{\partial x}\delta_x\right)^2+\left(\frac{\partial W}{\partial y}\delta_y\right)^2+\left(\frac{\partial W}{\partial z}\delta_z\right)^2}\quad \text{단, } W=W(x, y, z)$$

7.4.3 검량선법 및 표준첨가법에서의 분석값의 불확실도

일반적으로 정량분석을 실시하는 경우에는 검량선법 혹은 표준첨가법에 의해 분석값을 추측하는 것이 많다. 이 경우 회귀분석에 의해 농도와 신호강도의 관계를 예측하는 회귀직선 $y=ax+b$를 최소제곱법에 의해 구하고, 이 식에 의해 불확실도를 추측할 수가 있다. 이때, 농도(x)의 값에 대한 오차가 신호강도(y)의 측정값에 대한 오차에 비해 무시할 수 있을 만큼 작은 것이 전제가 된다. 〈그림 7.10〉에 회귀직선을 나타낸다.

n개의 측정 데이터의 쌍 (x_1, y_1), (x_2, y_2), $\cdots$, (x_n, y_n)으로 하면

$$a=\{\sum(x_i-\overline{x})(y_i-\overline{y})\}/\sum(x_i-\overline{x})^2$$
$$b=\overline{y}-a\overline{x}$$

를 얻을 수 있다.

x와 y는 서로 독립이며, 최소제곱법의 전제로부터 $u^2(x_i)=0$인 것으로부터 분산의 추정값 $u^2(a)$, $u^2(b)$ 및 공분산의 추정값 $u^2(a, b)$는,

$$u^2(a)=\sum(\delta a/\delta y_i)^2u^2(y_i)$$
$$u^2(b)=\sum(\delta b/\delta y_i)^2u^2(y_i)$$
$$u^2(a, b)=\sum(\delta a/\delta y_i)(\delta b/\delta y_i)u^2(y_i)$$

가 된다.

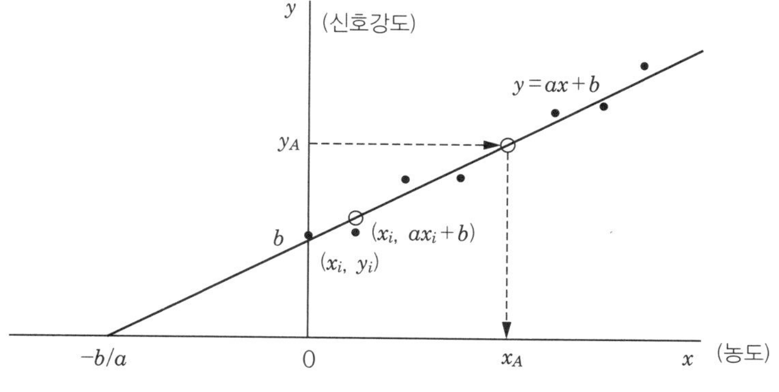

〈그림 7.10〉 최소제곱법에 의한 회귀직선

$u^2(y_i)$은 $s^2 = \sum\{(ax_i+b)-y_i\}^2/(n-2)$ (s : 잔차 표준편차 : 수직방향의 회귀직선과 측정점과의 거리에 관해서)로 추정할 수가 있으므로

기울기의 분산 : $u^2(a) = s^2 \dfrac{1}{\sum(x_i-\bar{x})^2}$

절편의 분산 : $u^2(b) = s^2 \dfrac{\bar{X}}{\sum(x_i-\bar{x})^2}$ 여기서, $\bar{X} = \left(\sum x_i^2\right)/\mathrm{n}$

공분산 : $u^2(a,\ b) = s^2 \dfrac{(-\bar{x})}{\sum(x_i-\bar{x})^2}$

이 된다. 기울기의 분산 및 절편의 분산의 제곱근을 취함으로써 각 분산의 표준편차(불확실도)를 구할 수가 있다.

기울기의 분산 및 절편의 분산이 산출되면, 7.3.9항을 참고로 각각의 신뢰한계를 구할 수가 있다. $u(a)$ 및 $u(b)$의 값과 기대하는 신뢰수준에서의 t값과 자유도 $(n-2)$의 값을 이용해

기울기의 신뢰한계 : $a \pm t_{(n-2)}\ u(a)$
절편의 신뢰한계 : $b \pm t_{(n-2)}\ u(b)$

를 얻을 수 있다

또, $u(a)$ 및 $u(b)$의 값으로부터 상관계수 $r(a,\ b)$를 구할 수가 있다.
즉,

$$r(a,\ b) = u(a,\ b)/\{u(a)\ u(b)\} = \left(-\sum x_i\right)/\sqrt{n\sum x_i^2} = -\bar{x}/\sqrt{\bar{X}}$$

가 된다

이상과 같이 검량선이 되는 회귀직선식과 기울기 및 절편 등의 분산을 구할 수가 있었지만, 실제로 어떤 측정값(관측값) y_A로부터 농도 x_A를 산출해야 하고 그때의 불확실도(분산의 제곱근)는 다음과 같다.

$$u^2(x_A) = (\delta x_A/\delta a)^2 u^2(a) + (\delta x_A/\delta b)^2 u^2(b) + 2(\delta x_A/\delta a)\ (\delta x_A/\delta b) u(a) u(b) r(a,\ b)$$
$$u^2(x_A) = \{(y_A-b)^2/a^4\} u^2(a) + (1/a^2) u^2(b) + 2\{(y_A-b)/a^3\} u(a) u(b) r(a,\ b)$$

여기서, $u(a,\ b) = u\ (a)\ u\ (b)\ r(a,\ b)$의 관계가 성립된다.

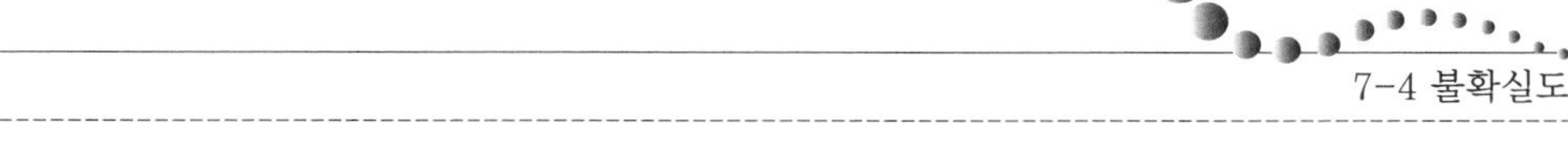

이와 같이 측정값 y_A로부터 농도를 산출하는 경우에는 위의 식과 같이 복잡한 식을 사용할 필요가 있지만, 표계산을 이용해 간단하게 계산할 수도 있다. 특히 다음과 같은 근사식을 이용해 계산할 수도 있다.

$$u^2(x_A) = \frac{s^2}{a^2} = \left\{1 + \frac{1}{n} + \frac{(y_A - \overline{y})^2}{a^2 \sum (x_i - \overline{x})^2}\right\}$$

여기서, $s^2 = \sum \{(ax_i + b) - y_i\}^2/(n-2)$

y_A의 값을 얻으려면 때에 따라 여러 차례의 측정을 실시하는 경우가 있다. m회 측정해 y_A의 값을 얻었을 때의 불확실도는 다음과 같다.

$$u^2(x_A) = \frac{s^2}{a^2} = \left\{\frac{1}{m} + \frac{1}{n} + \frac{(y_A - \overline{y})^2}{a^2 \sum (x_i - \overline{x})^2}\right\}$$

반복하는 얘기지만 n은 회귀직선을 작성하기 위한 측정 데이터의 수이며, m은 측정 시료의 측정 반복 수이다. 이 식을 보고 알듯이 { } 안의 제3항은 y_A가 $\overline{y}$에 가까워지면 제로에 가까워지는 것을 알 수 있다. 한편, 이 회귀직선식을 검량선으로 하여 어떤 농도를 구하려고 할 경우에는 검량선 영역의 중앙 정도로 해 측정하면 불확실도가 작아진다. 또한, 측정의 수 n이나 측정의 반복 수 m을 늘리는 것으로 불확실도가 줄어드는 것을 알 수 있다.

7.4.4 불확실도의 요인의 일례

불확실도를 추측하는 경우에는 분석값을 제출할 때까지의 각 요인을 채택하지 않으면 안 된다. 그중에서도 주의해야 할 각 항목을 다음과 같이 분석해서 미리 이러한 요인의 불확실도를 알아 두는 편이 좋다.

① 분석 대상성분의 불완전한 정의(분석해야 할 분석 대상성분의 정확한 화학 형태가 불명료)

② 샘플링에 의한 불확실도(분석되는 시료의 벌크 전체의 대표성 있는 샘플링 후의 변질 등)

③ 목적성분의 불완전한 추출이나 농축

④ 매트릭스 효과 및 간섭

⑤ 샘플링 및 시료 조제 시의 오염

⑥ 측정 조작에 영향을 미치는 환경조건 혹은 환경조건의 불충분한 측정
⑦ 시약의 순도
⑧ 아날로그 계측기 판독의 개인 편차
⑨ 중량 측정 및 용량 측정의 불확실도
⑩ 분석장치의 편차, 분해능 또는 분별값
⑪ 측정표준 및 표준물질의 표시값
⑫ 기존의 정수 및 그 외 파라미터의 값에 부수하는 불확실도
⑬ 측정법 및 분석 조작에 도입한 근사와 가정
⑭ 컴퓨터 소프트웨어를 사용했을 때의 해석 성능
⑮ 랜덤한 분산

7.4.5 불확실도를 추측하는 계산 예

수돗물 중의 Na^+(나트륨 이온)를 이온 크로마토그래프에 의해 1점 검량선법으로 Na 농도[mg/L]를 정량하는 때에 구하는 불확실도의 계산 방법과 표시 방법 예를 스텝별로 다음에 나타낸다. 본 내용은 「히라이 쇼지(平井 昭司) 감수 : 현장에서 도움 되는 환경 분석의 기초, 옴사, 2007」로부터 인용하였다.

● 스텝 1 : 분석 조작 흐름의 명확화

① 100mg/L 나트륨 표준액(원액)을 10mL 전량 피펫 및 100mL 전량 플라스크를 사용해 10배 희석한 10mg/L 검량선용 표준액을 조제한다.
② 10mg/L 검량선용 표준액을 이온 크로마토그래프에 도입해, Na의 피크 면적을 산출한다(1점 검량선의 작성).
③ 측정시료를 이온 크로마토그래프에 도입해 Na의 피크 면적을 산출하고, 제작한 점검량선으로부터 Na 농도[mg/L]를 계산한다.
④ ③의 조작을 반복해 Na 농도의 평균값을 산출한다.

● 스텝 2 : 불확실도 요인을 열거

생각되는 불확실도 요인은 많이 있지만, 불확실도의 기여가 작은 것을 모두 계산할 필요는 없다. 불확실도의 기여가 크다고 생각하는 것을 선택해 계산한다.

*계산하는 불확실도 요인(기여가 크다)

- 100mg/L 나트륨 표준액(원액) 농도의 불확실도
- 10mg/L 검량선용 표준액에의 10배 희석에 수반하는 불확실도
- 검량선으로부터 구한 농도의 불확실도

*계산에 채택하지 않은 불확실도 요인(기여가 작다)

- 희석수(순수)에 함유하는 Na 농도
- 검량선 표준액 및 측정 시료의 보존 중 안정성
- 사용하는 기구나 환경으로부터의 오염
- 검량선 표준액과 측정시료에서의 매트릭스 차이
- 온도 변화에 의한 유리기구의 체적 변화

① 10mg/L 검량선용 표준액 농도($Cs3$)의 불확실도($us3$)

- 100mg/L 나트륨 표준액(원액)의 농도($Cs1$) 불확실도($us1$)
- 10mg/L 검량선용 표준액 농도($Cs2$)에의 10배 희석에 수반하는 불확실도 ($us2$)

  +10 mL 전량 피펫(Vp)에 의한 분취

  ○ 눈금선의 불확실도($up1$)

  ○ 분취의 불확실도(숙련도에 의존)($up2$)

  +100mL 전량 플라스크(Vf)에 의한 분취

  ○ 눈금선의 불확실도($uf1$)

  ○ 메스업의 불확실도(숙련도에 의존)($uf2$)

② 검량선으로부터 구한 농도($Cs4$)의 불확실도($us4$)

●스텝 3 : 요인별 불확실도의 계산

모든 불확실도의 계산에 대해서는 요인별 상대적인 불확실도(분율 $\Delta x/x$)를 계산한다. 즉, 이것들이 상대 표준 불확실도가 된다. 요인별 상대 표준편차를 불확실도의 전파법칙에 따라 계산해 상대 합성 표준 불확실도를 산출한다. 상대 합성 표준 불확실도에 측정된 농도를 곱한 것이 불확실도(합성 표준 불확실도)가 된다.

또, 농도 산출을 위한 계산식을 미리 분명히 한다. 예를 들면, 이온 크로마토그래프에 의해 산출되는 농도 Cmg/L는 다음의 식에 의해 계산된다.

C mg/L={(100mg/L×10mL)/(100mL)×(시료 피크 면적)}/(검량선 표준액의 피크 면적)

① 10mg/L 검량선용 표준액 농도($Cs3$)의 불확실도($us3$) 계산

• 100mg/L 나트륨 표준액(원액) 농도($Cs1$)의 불확실도($us1$)(타입B)

나트륨 표준액의 신뢰성은 정밀도로서 농도에 대해서 1.0%(증명서에 기재)이므로 100mg/L에 대해서는 1.0mg/L가 된다. 또, 그때의 격차 분포를 직사각형 분포로 하면

$$us1=1\text{mg/L}/\sqrt{3}=0.577\text{mg/L}$$

가 되고, 상대 표준 불확실도는

$$us1/Cs1=0.577\text{mg/L}/100\text{mg/L}=0.00577$$

가 된다.

• 10mg/L 검량선용 표준액 농도($Cs2$)에의 10배 희석에 수반하는 불확실도($us2$)

○ 10mL 전량 피펫 눈금선의 불확실도($up1$)(타입B)는 유리제 체적계의 규격에 나타나는 허용차 ±0.02mL인 것과 그 분산의 분포를 삼각분포로 하면

$$up1=0.02\text{mL}/\sqrt{6}=0.0082\text{mL}$$

되고, 상대 표준 불확실도는

$$up1/V_P=0.0082\text{mL}/10\text{mL}=0.00082$$

가 된다.

◎ 10mL 전량 피펫 분취의 불확실도($up2$)(타입A)는 미리 실시한 10회의 분취 반복 질량의 측정값으로부터 표준편차 0.010mL를 산출해 그것을 표준 불확실도로 했다. 이때의 상대 표준 불확실도는,

$$up2/V_P=0.010\text{mL}/10\text{mL}=0.001$$

가 된다. 질량과 부피는 사용조건에 비례한다고 가정하고 있다.

○ 희석에 이용하는 100mL 전량 플라스크 눈금선의 불확실도($uf1$)(타입B)는 유리제

체적계의 규격에 나타나는 허용차 ±0.1mL이므로 그 격차의 분포를 삼각분포로 하면,

$$uf1 = 0.1\text{mL}/\sqrt{6} = 0.041\text{mL}$$

되고, 상대 표준 불확실도는

$$uf1/Vf = 0.041\text{mL}/100\text{mL} = 0.00041$$

이 된다.

◎ 100mL 전량 플라스크의 메스업 불확실도($uf2$)(타입 A)는 미리 실시한 10회의 분취 반복 질량의 측정값으로부터의 표준편차 0.05mL를 산출해 그것을 표준 불확실도로 했다. 이때의 상대 표준 불확실도는

$$uf2/Vf = 0.05\text{mL}/100\text{mL} = 0.0005$$

가 된다. 또한, 질량과 체적은 사용조건에 비례한다고 예상하고 있다

이상, 원액 표준액을 10배 희석하는 조작만으로의 상대 표준 불확실도($us2/Cs2$)는

$$us2/Cs2 = \sqrt{(up1/Vp)^2 + (up2/Vp)^2 + (uf1/Vf)^2 + (uf2/Vf)^2}$$

이 된다.

이 조작에 따르는 불확실도와 원액 표준액의 불확실도가 합쳐져, 10mg/L 검량선용 표준액의 농도($Cs3$)가 작성되는 것으로부터 이때의 상대 표준 불확실도($us3/Cs3$)는

$$us3/Cs3 = \sqrt{(us1/Cs1)^2 + (us2/Cs2)^2}$$
$$us3/Cs3 = \sqrt{(us1/Cs1)^2 + (up1/Vp)^2 + (up2/Vp)^2 + (uf1/Vf)^2 + (uf2/Vf)^2}$$
$$us3/Cs3 = \sqrt{0.00577^2 + 0.00082^2 + 0.001^2 + 0.00041^2 + 0.0005^2}$$
$$= 0.00595$$

가 된다.

② 검량선으로부터 구한 농도($Cs4$)의 불확실도($us4$)(타입A)는 수돗물 시료를 5회 이온 크로마토그래프에 도입해 검량선으로부터 5개의 분석 결과(8.51mg/L, 8.44mg/L, 8.56mg/L, 8.51mg/L, 8.48mg/L)를 얻었다. 평균값은 8.50mg/L로 이때의 표준편차는 0.0442mg/L 이다.

검량선으로부터 구한 농도($Cs4$)의 표준 불확실도($us4$)는 평균값의 표준편차이므로 표준 불확실도($us4$)는 $0.0442/\sqrt{5}$mg/L가 된다.

그러므로, 상대 표준 불확실도($us4/Cs4$)는

$$us4/Cs4=(0.0442/\sqrt{5})/8.50=0.00233$$

이 된다.

● 스텝 4 : 합성 표준 불확실도의 계산

요인별 불확실도는 10mg/L 검량선용 표준액 농도의 불확실도($us3$)와 검량선으로부터 구한 농도의 불확실도($us4$)로부터 구성되어 있는 것으로 일련의 흐름 중에서의 종합적인 불확실도는 합성 표준 불확실도(uc)로 나타나고, 이때의 상대 합성 표준 불확실도(uc/Cc)는

$$uc/Cc=\sqrt{(us3/Cs4)^2+(us4/Cs4)^2}$$
$$uc/Cc=\sqrt{0.00595^2+0.00233^2}=0.00639$$

가 된다.

이때의 농도(Cc)는 $Cs4$와 같은 것으로부터 합성 표준 불확실도(uc)는

$$uc=0.00639\times 8.50\text{mg/L}=0.0543\text{mg/L}$$

가 된다 .

● 스텝 5 : 확장 불확실도의 계산

확장 불확실도(U)는 합성 표준 불확실도(uc)에 포함계수(k)의 값을 곱한 수치로, $k=2$(약 95% 신뢰구간)일 때의 확장 불확실도는

$$U=2\times 0.0543\text{mg/L}=0.011\text{mg/L}$$

가 된다 .

● **스텝 6 : 결과의 표시**

최종 결과는 구해야 할 농도, 확장 불확실도 및 포함계수의 값을 나타내므로 수돗물 중의 Na 농도를 나타내려면

$$8.60\text{mg/L} \pm 0.011\text{mg/L}\ (k=2)$$

로 한다.

【참고문헌】

1） James N. Miller & Jane C. Miller 著，宗森信，佐藤寿邦訳：「データのとり方とまとめ方　第 2 版」，共立出版，2004

2） 鐵健司：「新版品質管理のための統計的方法入門」，日科技連，2004

3） 永田靖：「入門統計解析法」，日科技連，2008

4） 稲本稔：「わかりやすい品質管理　第 3 版」，理工学社，2009

5） 藤森利美：「分析技術者のための統計的方法　第 2 版」，日本環境測定分析協会，2010

6） 今井秀孝編著：「測定不確かさの評価の最前線」，日本規格協会，2013

7） 飯塚幸三監修：「計測における不確かさの表現のガイド」，日本規格協会，1996

8） 平井昭司監修：「現場で役立つ環境分析の基礎」，オーム社，2007

9） 高谷晴夫，秦勝一郎：「環境分析における不確かさとその求め方」，日本環境測定分析協会，2006

10） 産業技術総合研究所計量標準総合センター，製品評価技術基盤機構認定センター訳編：「計量学－早わかり　第 3 版」，http://www.iajapan.nite.go.jp/jcss/pdf/koukaib_f/keiryou_hayawakari3.pdf，2008

11） 日置昭治：「量の表し方」，ぶんせき，66-71，2011

12） 産業技術総合研究所計量標準総合センター：「国際単位系（SI）は世界共通のルールです」，パンフレット

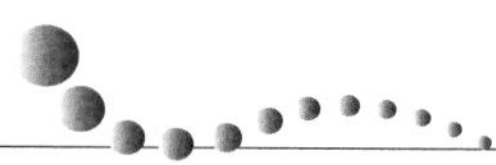

찾아보기

현장에서 필요한

화학 분석의 기본 기술과 안전

2023. 5. 3. 초 판 1쇄 인쇄
2023. 5. 10. 초 판 1쇄 발행

감역자 | 히라이 쇼지
편저자 | 사단법인 일본분석화학회
감역 | 박성복
옮긴이 | 오승호
펴낸이 | 이종춘
펴낸곳 | BM ㈜도서출판 성안당

주소 | 04032 서울시 마포구 양화로 127 첨단빌딩 3층(출판기획 R&D 센터)
10881 경기도 파주시 문발로 112 파주 출판 문화도시(제작 및 물류)
전화 | 02) 3142-0036
031) 950-6300
팩스 | 031) 955-0510

등록 | 1973. 2. 1. 제406-2005-000046호
출판사 홈페이지 | **www.cyber.co.kr**
ISBN | 978-89-315-8206-2 (13430)
정가 | 28,000원

이 책을 만든 사람들
책임 | 최옥현
교정 · 교열 | 이태원
전산편집 | 김인환
표지 디자인 | 박원석
홍보 | 김계향, 유미나, 이준영, 정단비
국제부 | 이선민, 조혜란
마케팅 | 구본철, 차정욱, 오영일, 나진호, 강호묵
마케팅 지원 | 장상범
제작 | 김유석

■ 도서 A/S 안내

성안당에서 발행하는 모든 도서는 저자와 출판사, 그리고 독자가 함께 만들어 나갑니다.
좋은 책을 펴내기 위해 많은 노력을 기울이고 있습니다. 혹시라도 내용상의 오류나 오탈자 등이 발견되면 **"좋은 책은 나라의 보배"**로서 우리 모두가 함께 만들어 간다는 마음으로 연락주시기 바랍니다. 수정 보완하여 더 나은 책이 되도록 최선을 다하겠습니다.
성안당은 늘 독자 여러분들의 소중한 의견을 기다리고 있습니다. 좋은 의견을 보내주시는 분께는 성안당 쇼핑몰의 포인트(3,000포인트)를 적립해 드립니다.

잘못 만들어진 책이나 부록 등이 파손된 경우에는 교환해 드립니다.